新世纪劳动技能与劳动力转移培训

钳工快速入门

主　编　袁梁梁

北京理工大学出版社
BEIJING INSTITUTE OF TECHNOLOGY PRESS

内 容 简 介

本书针对初学者，根据机械工人上岗要求编写而成，特别注重与实际操作技能相结合。主要内容包括：钳工入门指导、钳工入门知识、划线、錾削、锯削、锉削、孔加工、攻螺纹与套螺纹、弯形与矫正、刮削与研磨、铆接与黏接、装配和修理知识。本书图文并茂、通俗易懂、精炼实用、通用性强，可作为失地农民、企业下岗工人、复退转军人、进城务工人员劳动力转移培训和企业上岗前培训教材使用，也可以作为青工自学和各技术学院学生的钳工培训教材。

图书在版编目（CIP）数据

钳工快速入门/袁梁梁主编. —北京：北京理工大学出版社，2008.4（2020.9重印）

新世纪劳动技能与劳动力转移培训教材

ISBN 978-7-5640-1461-2

Ⅰ. 钳…　Ⅱ. 袁…　Ⅲ. 钳工－技术培训－教材　Ⅳ. TG9

中国版本图书馆 CIP 数据核字（2008）第 032738 号

出版发行 /北京理工大学出版社
社　　址 /北京市海淀区中关村南大街 5 号
邮　　编 /100081
电　　话 /(010)68914775(办公室)　68944990(批销中心)
　　　　　68911084(读者服务部)
网　　址 /http：// www. bitpress. com. cn
经　　销 /全国各地新华书店
印　　刷 /北京国马印刷厂
开　　本 /880 毫米×1230 毫米　1/32
印　　张 /6.375
字　　数 /163 千字
版　　次 /2008 年 4 月第 1 版　2020 年 9 月第 9 次印刷
定　　价 /23.00 元

责任校对 /陈玉梅
责任印制 /周瑞红

新世纪劳动技能与劳动力转移培训
教材编委会

主　任　　袁梁梁

副主任　　潘白海　蒋　倩　孙炳芳　姚国铭　李凤云

　　　　　庄三舵　许亚南　高建明　蒋鹏飞　钱兴年

参编单位

江苏省劳动和社会保障厅

江苏城市职业学院武进校区

江苏技术师范学院

江苏工业学院

常州信息职业技术学院

常州轻工职业技术学院

常州纺织技术学院

常州机电职业技术学院

常州高级技工学校

常州武进职业教育中心学校

常州市劳动和社会保障局就业管理处

常州科教城现代工业中心

常州凯达轧辊集团有限公司

前言

随着国民经济和现代科学技术的迅猛发展，机械制造业得到了前所未有的发展，中国正由一个制造业大国向一个制造业强国迈进。

机械制造业是技术密集型的行业，历来高度重视技术人员的素质。而我国的现状是各种技能型人才，特别是高级技能人才短缺，这在经济发达的长三角地区和沿海城市尤为明显。江苏省省委一号文件明确提出，要坚持把农村劳动力转移工作作为农民增收的最大致富工程来抓，更好地实现下岗工人、失地农民、复转退军人及外来务工人员（新市民）的再就业。而在劳动力转移工作做得比较好的城市——江苏省常州，早已不再满足于简单的再就业，而是深入贯彻党的十七大精神，在原有的劳动转移基础上，鼓励更多人创业和做好劳务输出工作。为了进一步规范劳动力转移工作，江苏省劳动和社会保障厅组织工作在全省劳动力转移一线的优秀教师，编写本套劳动力转移系列教材，为富民强省，创建和谐社会作出新的贡献。

钳工是机械制造领域中重要的工种之一，在机械生产过程中，起着重要的作用。本书通俗易懂、简明实用，让工人通过相应的入门学习，了解本工种的基本专业知识和基本操作技能，轻松掌握一技之长，信步迈入机械工人之门。本书图文并茂，浅显易懂，既可供劳动力转移培训使用，又可以作为企业工人上岗前和各技术学院学生培训教材使用。

本书课题 1～课题 8 由江苏城市职业学院袁梁梁老师负责编写，

课题 9～课题 12 由江苏省武进技工学校李凤云老师编写（本书副主编）。由于时间仓促，作者水平有限，书中难免有疏忽和不当之处，敬请专家和读者朋友批评指正。

编　者

目 录

钳工快速入门

课题 1

钳工入门指导

第一节　职业道德和安全知识

一、职业道德

职业道德，顾名思义，就是从事一定职业的人，在工作和劳动过程中，所应遵循的，与其职业活动紧密联系的道德原则和规范的总和。它既是对本行业人员在职业活动中的行为要求，又是行为对社会所负的道德责任与义务。可以说，社会上有多少种职业，就有多少种职业道德。

（一）职业道德的作用

1. 调节职业交往中的矛盾

职业道德的基本职能是调节职能。在职业活动中，都要直接或间接地与服务对象、行业内外其他部门之间进行交往，势必存在着一些矛盾，这些矛盾有的要通过经济的，法律的手段去调整，但有许多要道德去协调。例如教师要关心学生，操作工人要对用户负责，服务人员要尊敬顾客，如果教师、工人、服务员做不到这些要求，在师生之间、企业与用户之间、顾客与服务员之间必将产生矛盾，这些矛盾都是由职业道德问题所引起的，所以只能通过道德手段来解决。

2. 促进行业发展，维护行业信誉

职业道德水平的提高，可以直接促进各行各业的发展，对推动社会主义物质文明建设起到巨大的作用。同时，一个行业、厂家、企业的信誉，要靠本行业、本企业。该企业越能满足社会的需要，就越能获得社会的信任，反之，则会信誉扫地。

3. 融洽人际关系，提高全社会道德素质

社会是由各行各业有机结合的统一体。在我们社会主义大家庭中，每个公民都是国家、社会的主人，都是为国家的繁荣昌盛、人民幸福而劳动，劳动既是为自己，又是为社会，为他人，因此，每个人都树立全新的职业道德，整个社会就会朝着相互关心、相互爱护、万众一心的祥和局面发展。如果各行各业都有良好的职业道德，就会形成良好的社会风尚，我们的社会就必然会呈现出一派和谐的气氛，反之，社会的歪风邪气就会泛滥。

（二）钳工职业道德要求

1. 质量第一，用户至上

钳工生产的劳动成果是为社会提供物质产品，因此必须保证这些产品是合格品、优质品。因为质量是产品进入市场的通行证，企业只有占有质量优势，才能使自己的产品转化为商品，使自己的服务成为有效的投入，从而在市场上赢得竞争力，否则其劳动就打了折扣，就是浪费财力、物力和人力，就是对用户的不负责任，因此保证产品质量便成为第二产业职业道德的基本要求。

2. 钻研技术，树立高度社会责任感

产品的更新换代和现代科技成果在生产上的大量应用，先进设备和现代化管理思想、管理方法的广泛采用，都要求我们努力钻研技术，不断提高业务水平。因此，必须认真地完成各项工作任务，把掌握专业技术看成是向社会负责的一个具体表现。

3. 遵守劳动纪律，服从企业安排

遵守劳动纪律，服从企业安排是为生产过程的顺利进行而设立的，必须要一丝不苟、不折不扣，不能抱任何侥幸心理。凡是有责任感的人，都会把它看成自己的道德义务，不论有没有外部监督，都会自觉这样做。任意违反操作规程，不重视安全生产的行为，轻则出次品、废品，影响下一道工序的生产和产品的最终质量，重则给国家财产和人民生命安全造成严重损失。这类教训很多，我们应当引以为戒。

4. 尊重同行，团结协作

一个企业、一个部门要做好工作，必须依靠集体的力量，单凭个人或少数人的奋斗是不行的，尊重同行、团结协作就是要做到同行之间互相学习，互相尊重；行业部门，要尊师爱徒，团结互助。要坚决反对互相拆台、同行是冤家等不道德的行为。

5. 钳工职业道德还应表现在机床的维护和保养上

机床是工作母机，加工出来零件的精度与机床有直接关系，因此操作人员要爱护它和保养它。

（三）职业道德的现实意义

1. 职业道德是建设社会主义物质文明的需要

一个企业要提高企业管理，提高经济效益，除了充分发挥各层管理人员的作用外，更重要的是发挥工人在企业中的主力军作用，加强对工人的职业道德教育。对于企业员工而言，职业道德也具有十分重要的意义。因为职业工作是一个人一生的主要生活内容。从事一定的职业是人们谋求生活的手段，只有树立良好的职业道德，遵守职业道德规范，不断钻研业务，才能获得谋生的机会和岗位。在当今市场经济条件下，高素质的劳动力流向高效益的企业已成为社会发展的必然趋势，劳动力市场供大于求，优胜劣汰显得尤为明显。作为一名企业工人，只有树立良好的职业道德，提高职业技能，才能充分发挥自己的能力，在激烈竞争中立于不败之地。

2. 职业道德是建设社会主义精神文明的需要

社会主义精神文明建设的核心内容是思想道德建设。在现实生活中，几乎每一个成年人，都以不同的职业在社会中生活，在各种职业岗位上，从尽职尽责，更好地为他人、为社会服务出发，满足社会所需，就会使整个社会形成团结互助、平等友爱、共同前进的人际关系，社会风气就一定会改观。社会主义精神文明的整体水平就一定会提高。

二、钳工安全操作和文明生产

安全文明生产是指确保劳动者在生产、经营活动中的人身安全、健康和财产安全。在工作中养成良好的文明生产习惯，严格遵守安全文明生产的操作规程是顺利完成工作的保障。在钳工操作中应遵守以下基本要求：

（1）工量具应按次序排列，左手边放工具，右手放刀具。

（2）量具不能与工件、工具混放。

（3）量具使用完后及时擦拭干净，并涂油防锈。

（4）钳工操作前，一般先要熟悉图纸。

（5）不得在砂轮间内打闹，在砂轮间内操作必须带上防护眼镜。

（6）在砂轮上不准磨与生产无关的东西。

（7）刃磨刀具时，必须站在砂轮机的侧面。

（8）在钻孔时不能戴手套、女同志需要戴安全帽，发辫应挽在帽子内。

（9）不准在机车运转时离开工作岗位。因故离开时，必须停车并切断电源。

（10）机车运转需停车时，严禁使用反转刹车，以免损坏电机和其他设备部件。

（11）工件存放要稳妥，不能堆放过高，铁屑应及时处理，电器发生故障应马上断开总电源，及时叫电工检修，不能擅自乱动。

（12）工作场地应保持整齐、清洁，离开生产车间前必须关闭电源和门窗。

以上规定是钳工多年的经验、教训的总结，初学者必须认真看待和遵守，才能保证生产和学习的安全。

第二节 钳工机械识图与公差

一、机械识图

（一）识图基本知识

在机械制造业中能准确地表达物体的形状、尺寸及其技术要求的图称为机械图样。机械图样是机械设计、制造、修配过程中的重要技术资料，也是进行技术交流的工具，由此被称为工程界的通用"语言"和特殊"文字"。作为机械工人，如果看不懂生产图样，就等于技术上的文盲，无法正常工作。所以机械工人必须具备准确、快速识图的能力，才能更好地进行生产、技术交流和技术革新。

图线的种类和应用：

1. 图线种类

物体上的形状在图样上是用各种不同的图线画成的，其名称、线型、宽度和一般应用见表1-1所示。

表1-1 机械制图的线型及其应用

图线名称	图线型式、图线宽度	一般应用
细实线	—————— 宽度：$d/4$	尺寸线 尺寸界线 剖面线 重合剖面的轮廓线 辅助线 引出线 螺纹牙底线及齿轮的齿根线

图线名称	图线型式、图线宽度	一般应用
波浪线	 宽度：d/4	机件断裂处的边界线 视图与局部剖视的分界线
细双折线	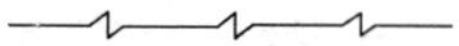 宽度：d/4	断裂处的边界线
细虚线	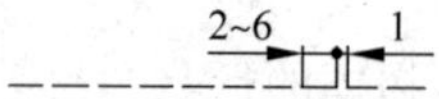 2~6　1 宽度：d/4	不可见轮廓线 不可见过渡线
细点画线	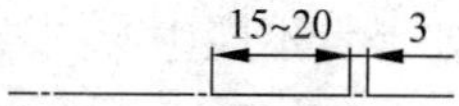 15~20　3 宽度：d/4	轴线 对称中心线 轨迹线 节圆及节线
粗点画线	宽度：d	有特殊要求的线或表面的表示线
细双点画　线	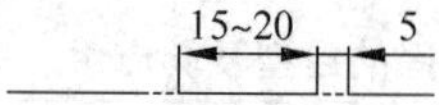 15~20　5 宽度：d/4	极限位置的轮廓线 相邻辅助零件的轮廓线 假想投影轮廓线中断线
粗实线	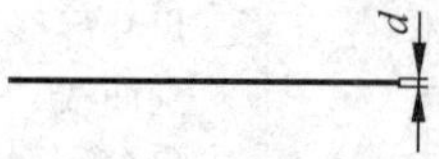 d 宽度：d≈0.5~2 mm	可见轮廓线 可见过渡线

2. 图线应用

各种图线的应用示例如图 1-1 所示。

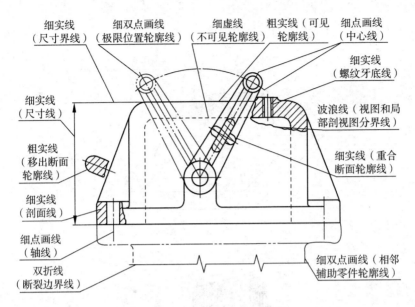

图 1-1　图线的部分应用示例

（二）投影法的基本概念

在日常生活中，我们常常会看到这样的自然现象：当物体在灯光或日光的照射下，就会在墙上或地面上产生一个小影子。人们根据生产活动的需要对这一自然现象进行几何抽象，总结出了影子和物体之间的几何关系，逐步形成了投影法。而投影法分为中心投影法和平行投影法两类。

1. 中心投影法

投射线都相交于投射中心的投影法称为中心投影法。如图 1-2 所示，即为中心投影法，要获得投影，必须具备光源、物体和平面这三个基本条件。

采用中心投影法绘制的图样，具有较强的立体感，但是物体上的图形元素变形了，度量性不好，作图烦琐，常用于绘制建筑透视图，如图 1-3 所示。

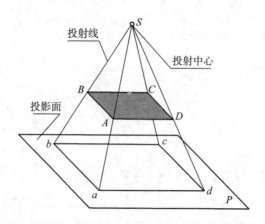

图 1-2 中心投影法

图 1-3 用中心投影法绘制的图样

2. 平行投影法

投射线相互平行的投影法（投射中心位于无限远处）称为平行投影法。在平行投影法中，根据投射线是否垂直投影面，又可分为斜投影法和正投影法。

（1）斜投影法。投射线倾斜于投影面的平行投影法。根据斜投影法所得到的图形称为斜投影图，如图 1-4（a）所示。

（2）正投影法。投射线与投影面相垂直的平行投影法。根据正投

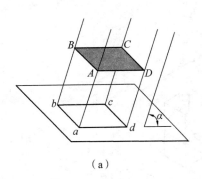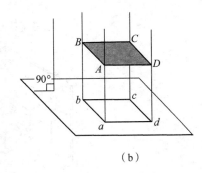

（a） （b）

图 1-4 平行投影法

（a）斜投影法；（b）正投影法

影法所得到的图形称为正投影图，如图 1-4（b）所示。

由于正投影法的投射线相互平行且垂直投影面，当空间的平面图平行于投影面时，其投影将反映该平面图形的真实形状和大小，即使改变它与投影面之间的距离，其投影形状和大小也不会改变，而且绘图比较简单、方便，度量性好。所以，绘制机械图样主要采用正投影法，后面的叙述可简称为投影。

（三）三视图的形成及其对应关系

1. 三视图的形成

将物体放在三个互相垂直的投影面中，使物体上的主要平面平行于投影面，然后分别向三个投影面作正投影，得到的三个图形称为三视图。如图 1-5 所示。三个视图的名称分别为：从前向后看，即得 V 面上的投影称为主视图；从上向下看，即得在 H 面上的投影称为俯视图；从左向右看，即得在 W 面上的投影称为左视图。

为了能在平面上表示出三维的物体，就需要将三个投影面体系做必要的转换。我们设想保持正投影面不动，将水平投影面绕 OX 轴向下旋转 $90°$，将侧立投影面绕 OZ 轴向右旋转 $90°$，分别重合到正投影面上，这样便得到同一平面的三视图，如图 1-6 所示。应当注意的是：水平投影面和侧立投影面旋转时，OY 轴被分为两处，分别用 OY_H（在 H 面上）和 OY_W（在 W 面上）表示。

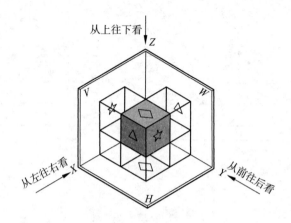

图 1-5　物体的三视图

以后画图过程中，不必画出投影面的范围，因为它的大小与视图无关。这样，三视图更为清晰，如图 1-7 所示。待熟练后，投影轴也不必画出。

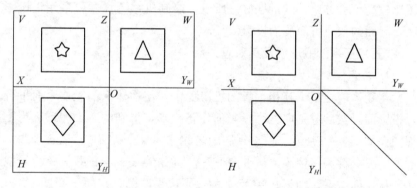

图 1-6　展开后的三视图　　　　图 1-7　三视图的画法

2. 三视图的对应关系

（1）三视图的位置关系。从投影图的展开，我们不难想象出三个视图位置。俯视图在主视图的正下方，左视图在主视图的正右方，如图 1-8 所示。

（2）视图中的对应关系。任何一个物体都有长、宽、高三个方向

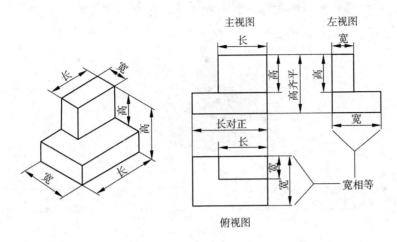

图 1-8 三视图的位置关系

的尺寸，而每个视图能反映两个方向的尺寸。每个视图所反映的物体的尺寸情况：

主视图反映物体上下方向的高度尺寸和左右方向的长度尺寸。

俯视图反映了形体左右方向的长度尺寸和前后方向的宽度尺寸。

左视图反映了形体上下方向的高度尺寸和前后方向的宽度尺寸。

由此归纳得出：

主、俯视图长对正（等长）；

主、左视图高平齐（等高）；

俯、左视图宽相等（等宽）。

三视图的尺寸关系简称："长对正，高平齐，宽相等"的"三等原则"。作图时，为了实现"俯、左视图宽相等"，可利用自点 O 所作的 45°辅助线，来求得其对应关系。

（3）三视图的作图方法与步骤。根据物体（或轴测图）画三视图时，首先应分析形状、摆正物体（使其主要表面与投影面平行），选好主视图的投影方向，再确定图纸幅面和绘图比例。

作图时，一般先画出三视图的定位线，再从主视图入手，根据"长对正，高平齐，宽相等"的投影规律，依次画出俯视图和左视图。

图 1-9（a）所示的物体，其三视图的具体作图步骤如图 1-9（b）、（c）、（d）、（e）所示。

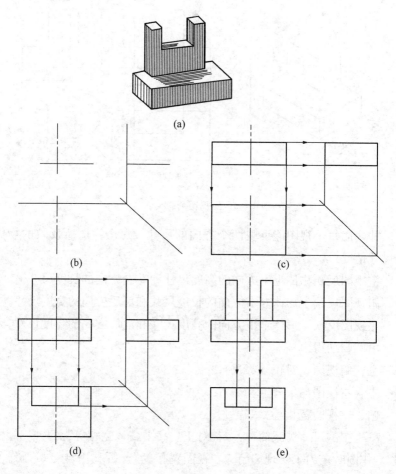

图 1-9　三视图的画图步骤

（a）物体；（b）步骤一；（c）步骤二；（d）步骤三；（e）步骤四

（四）简单零件剖视、剖面的表达方法

1. 剖视图及剖面符号

用假想剖切平面把机体剖开，将处在观察者与剖切平面之间的部

分移去，将剩余部分向投影面投影，并在切口部分画上剖面符号的视图叫剖视图，如图 1 - 10 所示。

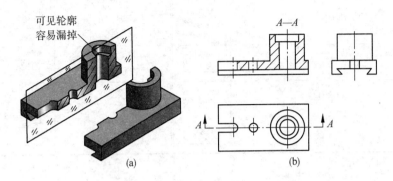

可见轮廓
容易漏掉

图 1 - 10　机件剖视图

（a）机件；（b）剖视图

　　将视图与剖视图相比较，可以看出，由于主视图采用了剖视的画法（图 1 - 10（b）），将机件上不可见内部结构变为可见，使原来视图中的虚线变成细实线，并按规定在剖面区域内画出剖面符号。这样可以清楚地看到孔、槽的位置和大小，同时也使我们明显地看到剖切和未剖切的部分，前后层次分明，一目了然。

　　剖切面与机件接触部分称剖切区域，在剖面区域中应画上剖面符号。国标规定不同材料用不同特定的剖面符号，见表 1 - 2 所示。

表 1 - 2　部分材料的剖面符号

材料	剖面符号	材料		剖面符号
金属材料 （已有规定的剖面符号者除外）		玻璃及供观察用的其他透明材料		
线圈绕组元件		木材	纵剖面	
型砂、填砂、粉末冶金、砂轮、陶瓷刀片、硬质合金刀片等			横剖面	
木质胶合板		转子、变压器、电抗器等的叠钢片		

材料	剖面符号	材料	剖面符号
基础周围的泥土		非金属材料（已有规定的剖面符号者除外）	
混凝土		网格（筛网、过滤网等）	
钢筋混凝土		液体	
砖			

2. 剖视图的种类

机件的形状结构是各种各样的，因此作剖视图时，应当根据机件的内部形状和特点，采取不同的剖视画法，常用的分以下三种：

（1）全剖视图。假想用剖切面完全剖开机件所得到的视图，称为全剖视图。全剖视图主要用于表达内部形状复杂的不对称机件，或外形简单的对称机件，如图 1 - 10 所示。

（2）半剖视图。当机件具有对称平面时，向垂直于对称平面的投影面上投射所得的图形，可以以对称中心线为界，一半画成剖视图，另一半画成视图，这种组合的图形称为半剖视图，如图 1 - 11 所示。

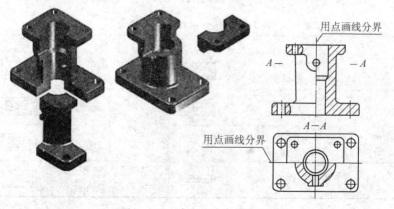

图 1 - 11　对称零件半剖视图

半剖视图的优点在于，一半（剖视图）能够表达机件的内部结构，而另一半（视图）可以表达外形，由于机件是对称的，所以很容易据此想象出整个机件的内、外结构形状。

画半剖视图时，应注意以下两点：

①半剖视图的剖视部分一般要放置在垂直线的右边（即剖右不剖左），或水平轴线的下方（即剖下不剖上）。

②半个视图与半个剖视图以细点画线为界，由于半剖视图的图形大多为对称图形，所以表示外形视图中的虚线不必画出，但孔槽应画出中心线位置。

（3）局部剖视图。用剖切面局部地剖开机件所得的剖视图，称为局部剖视图，如图1-12所示。

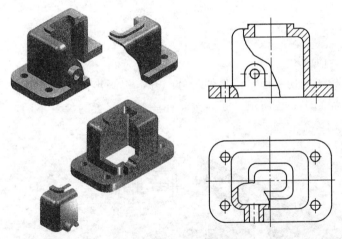

图1-12 箱体零件局部剖视图

局部剖视图具有同时表达机件内、外结构的优点，且不受机件是否对称的限制，在什么位置剖切，剖切范围多大，均可根据需要而定，所以应用比较广泛。

画剖切视图时，应注意以下两点：

①在一个视图中，局部剖切的次数不宜过多，否则就会显得零乱甚至影响图形的清晰度。

②视图与剖视图的分界线（波浪线）不能超过视图的轮廓线，不应与轮廓线重合或画在其他轮廓线的延长位置上，也不可穿空（孔、槽等）而过，其正误对比图例见图1-13所示。

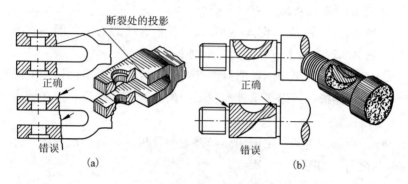

图1-13 局部剖视图中波浪线的画法

（a）图例一；（b）图例二

3. 剖面图

假想用剖切平面将机件的某处断开，仅画出断面的图形，称为剖面图，如图1-14所示。断面按其在图纸上配置的位置不同，分为移出剖面和重合剖面。

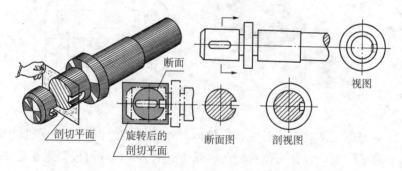

图1-14 剖面图的形成及与剖视图的比较

（1）移出剖面。画在视图轮廓以外的断面，称为移出剖面。移出断面的轮廓线用粗实线绘制。如图1-15（a）、（b）、（c）、（d）所示。

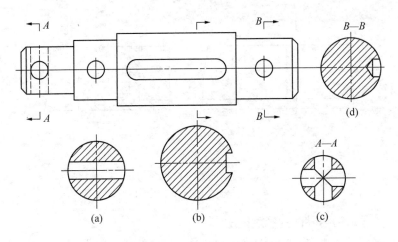

图 1-15 移出剖面

(a) 通孔；(b) 键槽；(c) 相交孔；(d) 盲孔

为了便于看图，可以有以下几种位置配置情况：

①移出断面图应尽量配置在剖切线的延长线上，如图 1-15（a）、(b) 所示。

②必要时可以将移出断面图配置在其他适当的位置。在不致引起误解时，允许将图形旋转，其标注形式如图 1-15（c）、(d) 所示。

③断面图对称时，也可画在视图的中断处，如图 1-16 所示。

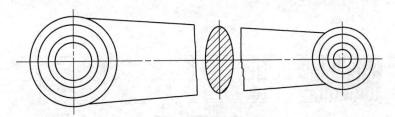

图 1-16 剖面图画在视图断裂处

④由两个或多个相交平面剖切的移出断面图，剖面中间应断开。

（2）重合剖面。画在轮廓线以外的断面，称为重合剖面。重合断面的轮廓线用细实线绘制。当视图中的轮廓线与重合断面的图形重叠时，视图中的轮廓线仍应连续画出，不可间断，如图 1-17 所示。

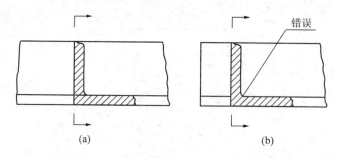

图 1-17 不对称的重合剖面

（a）正确画法；（b）错误画法

（五）常用零件的规定画法

在机器中广泛应用的螺栓、键、销、滚动轴承、齿轮、弹簧等零件称为常用件。其中有些常用件的整体结构和尺寸已标准化，称为标准件。

1. 螺纹的规定画法

（1）外螺纹的画法。外螺纹的牙顶圆的投影用粗实线表示，牙底圆的投影用细实线表示（其直径通常按牙顶圆直径的 0.85 倍绘制），螺杆的倒角或倒圆部分也应画出。在垂直于螺纹轴线的投影面的视图中，表示牙底圆的细实线只画约 3/4 圈（空出约 1/4 圈的位置不作规定），此时，螺杆的倒角投影不应画出。螺纹长度终止线用粗实线表示，如图 1-18 所示。

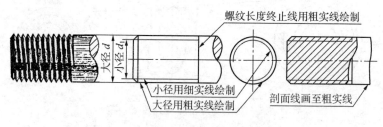

图 1-18 外螺纹的画法

（2）内螺纹的画法。在剖视图中，内螺纹牙顶圆的投影用粗实线表示，牙底圆的投影用细实线表示，螺纹终止线用粗实线绘制，剖面线应画到表示小径的粗实线为止。在垂直于螺纹轴线的投影面的视图上，表示大径的细实线圆只画约 3/4 圈，表示倒角的投影不应画出。当内螺纹为不可见时，螺纹的所有图线均用细虚线绘制，如图 1-19 所示。

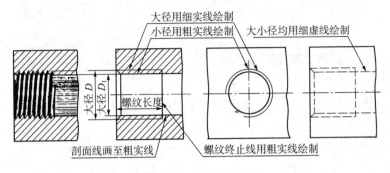

图 1-19　内螺纹的画法

（3）螺纹连接的画法。在剖视图中，内外螺纹旋合的部分应按外螺纹的画法绘制，其余部分仍按各自的画法表示。应注意表示内、外螺纹大径的细实线和粗实线，表示内、外螺纹小径的粗实线和细实线必须分别对齐，如图 1-20 所示。

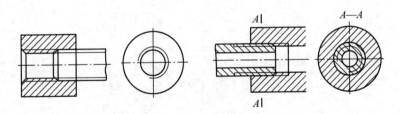

图 1-20　螺纹连接的画法

2. 螺纹标记

为区别螺纹的种类及参数，应在图样上按规定格式进行标记，以表示该螺纹的牙形、公称直径、螺距、公差带等。

例如　M20×1LH—7H—L，表示公称直径为 20，螺距为 1 的普通细牙左螺纹，顶径和中径公差带同为 7H，旋合长度为 L。

螺纹的标注应直接注在螺纹大径的尺寸线上或引出线上，如图 1-21 所示。

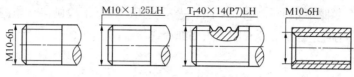

图 1-21 普通螺纹及传动螺纹的标注

（六）识读零件图和装配图

1. 看零件图

识读图 1-22 所示的支架的零件图：

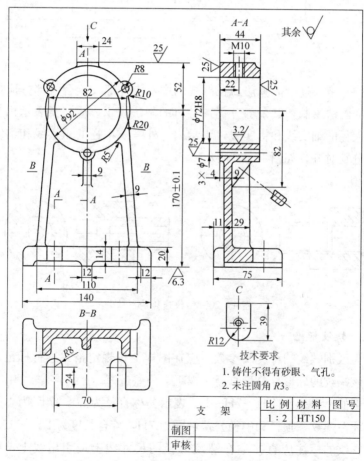

图 1-22 支架零件图

读零件图的一般步骤：

（1）看标题栏，从中概括地了解零件的名称、材料、用途、数量等，然后通过装配或其他资料了解零件的作用与其他零件的装配关系。

（2）看零件形体，看懂零件各部分的形状，然后综合想象出整个零件的形状。

（3）看结构尺寸，进行尺寸分析，掌握尺寸种类和加工顺序。

（4）看技术要求，分析零件的尺寸公差、形位公差、表面粗糙度和其他技术要求，以便进一步考虑相应的加工方法。

2. 读装配图

读装配图，最主要的是要弄清楚部件或机器的用途，工作原理和各个零件间的关系，并能分析和读懂其中最主要零件及其有关零件的结构形状，进而了解零件的装配（或拆卸）顺序，以便在进行装配、维修和使用时心中有数。

以下以机用台虎钳立体图、装配图为例，试分析其读装配图的方法和步骤，如图 1-23，图 1-24 所示。

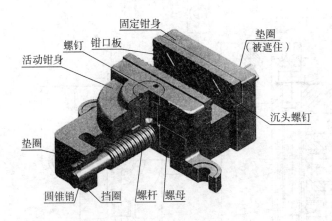

图 1-23　机用台虎钳立体图

二、公差与配合知识

零件具有互换性，必然要求尺寸的准确性，但并不是要求零件都

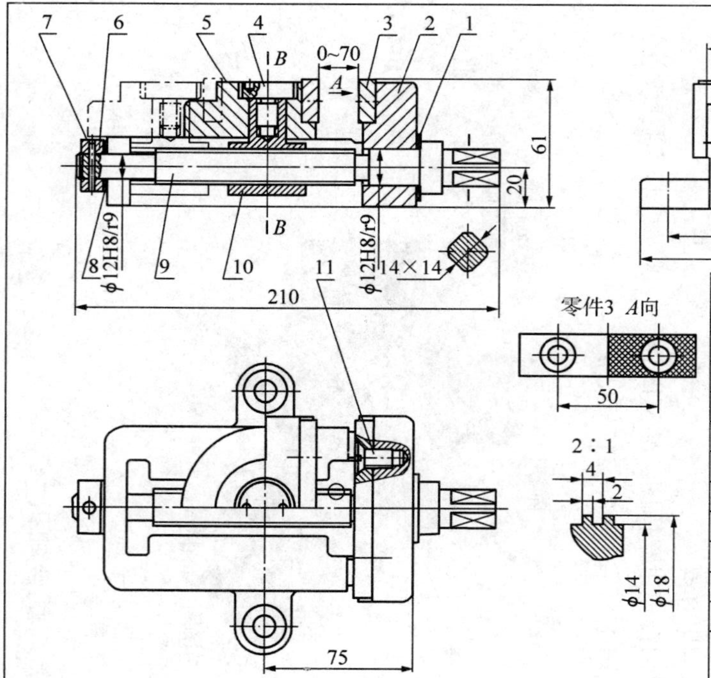

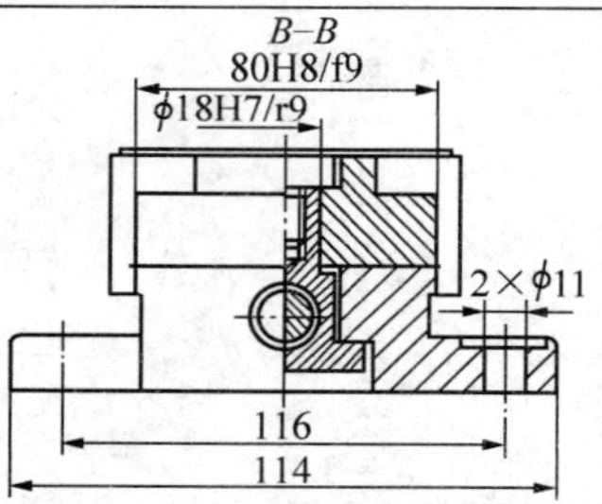

图1-24 机用台虎钳装配图

序号	零件名称	数量	材料	备注
11	螺钉M8×20	4		GB 68—1985
10	螺母	1	ZQSn	
9	螺杆	1	45	
8	垫圈12—140HV	1		GB 97.1—1985
7	销4×25	1		GB 117—1986
6	挡圈	1	Q235A	
5	活动钳身	1	HT150	
4	螺钉	2	Q235A	
3	钳口板	2	45	
2	固定钳身	1	HT150	
1	垫圈13—140HV	1		GB 97.1—1985
序号	零件名称	数量	材料	备注

机用台虎钳　　比例　　图号:16-17

件数 1

材料

制图 (日期)

审校 (日期)

准确地制成一个指定的尺寸，而只是将其限制在一个合理的范围内变动，以满足不同的使用要求，由此产生了"公差与配合"制度。

（一）公差

尺寸公差是指允许的尺寸变动量简称公差。

1. 标准公差

标准公差是国家规定的确定公差带大小的任一公差。"IT"是标准公差的代号，阿拉伯数字表示其公差等级。标准公差等级分 IT01，IT0，IT1 至 IT18 共 20 级。IT01 为最高一级（即精度最高，公差最小），IT18 为最低一级（即精度最低，公差最大），从 IT01 至 IT18 等级依次降低，而相应的标准公差值则依次增大。

2. 基本公差

确定公差带相对零线位置的极限偏差称为基本偏差。它可以是上偏差或下偏差，一般为靠近零线的那个偏差。国家标准对孔和轴各规定了 28 个基本偏差，并规定用拉丁字母表示，大写字母表示孔，小写字母表示轴。其基本偏差系列如图 1-25 所示。

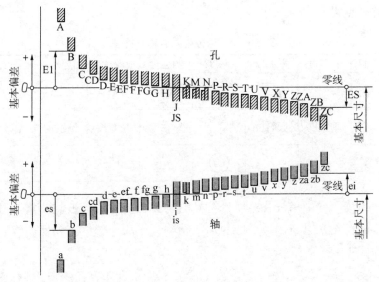

图 1-25　基本偏差系列示意图

（二）配合

基本尺寸相同，相互结合的孔和轴公差带之间的关系称为配合。配合有三种类型，即间隙配合，过盈配合，过渡配合。国家标准中规定，配合制度分为基孔制和基轴制两种。

1. 基孔制配合

基本偏差为一定的孔的公差带，与不同基本偏差的轴的公差带形成各种配合的一种制度。基孔制的孔称为基准孔，代号为"H"，其上偏差为正值，下偏差为零，最小极限尺寸等于基本尺寸。

2. 基轴制配合

基本偏差为一定的轴的公差带，与不同基本偏差的孔的公差带形成各种配合的一种制度。基轴制的称轴为基准轴，代号为"h"，其上偏差为零，下偏差为负值，最大极限尺寸等于基本尺寸。

（三）形位公差

在生产实际中，经过加工的零件，不但会产生尺寸误差，而且会产生形状和位置误差。国家标准中规定了 14 项形位公差，其项目名称与符号见表 1-3 所示。

表 1-3　形位公差名称与符号

项　　目	直线度	平面度	圆度	圆柱度	线轮廓度	面轮廓度	平行度
符号	—	▱	○	⌀	⌒	⌓	∥
项　　目	垂直度	倾斜度	同轴（同心）度	对称度	位置度	圆跳动	全跳动
符号	⊥	∠	◎	≡	⊕	↗	↗↗

识读图样中形位公差项目符号的意义及公差带，被测要素与基准要素的关系，以便选择零件的加工和测量方法。形位公差标注综合示例如图 1-26 所示。

⌀ 0.005 表示圆柱度公差（形位公差）。即：直径 φ16f7 圆柱面的圆柱度公差为 0.005 mm 的两同轴圆柱面之间的区域。表明该被测圆

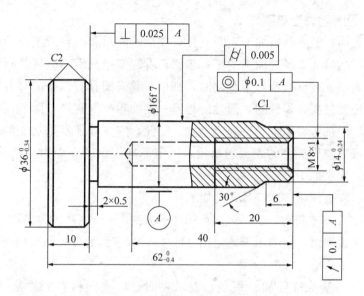

图 1-26　形位公差综合标注示例

柱面必须位于半径差为公差值 0.005 mm 的两同轴圆柱面之间。

◎ $\phi0.1$ A 表示同轴度公差（位置公差）。即：M8×1 的轴线对基准 A 的同轴度公差为 0.1 mm，其公差是与基准 A 同轴，直径为 0.1 mm 的圆柱面内的区域。表明被测圆柱面的轴线必须位于直径公差值为 0.1 mm，且与基准轴线 A 同轴的圆柱面内。

↗ 0.1 A 表示端面圆跳动公差（位置公差）。即：直径 $\phi14_{-0.24}^{0}$ 的端面圆跳动公差为 0.1 mm，其公差带是在与基准同轴的任一半径位置的测量圆柱面上距离为 0.1 mm 的两圆之间的区域。表明被测面围绕基准线 A（基准轴线）旋转一周时，在任一测量圆柱面内轴向的跳动量均不得大于 0.1 mm。

⊥ 0.025 A 表示垂直度公差（位置公差）。即：$\phi36_{-0.34}^{0}$ 的右端面时基准 A 的垂直度为 0.25 mm，且垂直于基准线的两平行平面之间的区域。表明该被测面必须位于距离为公差值 0.025 mm，且垂直于基准线 A（基准轴线）的两平行平面之间。

（四）表面粗糙度

表面粗糙度是指加工表面上具有较小的间距和峰谷所组成的微观几何形状特征。经过加工的零件表面，看起来很光滑，但将其断面置于放大镜（或显微镜）下观察时，则可见其表面具有微小的峰谷。表面粗糙度越高，零件的表面性能越差；表面粗糙度越低，则表面性能越好，但加工费用也必将随之增加。因此，它在保证使用功能的前提下，选用较为经济的表面粗糙度，国家标准规定的表面粗糙度符号、代号及定义如下：

（1）表面粗糙度符号含义如下：

$\sqrt{}$：基本符号，表示表面可用任何方法获得。不加注粗糙度参数或有关说明时，仅适用于简化代号标准。（如表面处理、局部热处理状况等）。

$\sqrt{}$：基本符号加一短线，表示表面是用去除材料的方法获得。（如车、铣、钻、磨、剪切、抛光、腐蚀、电火花加工、气割等）

$\sqrt{}$：基本符号加一小圆，表示表面是用不去除材料的方法获得。（如铸、锻、冲压变形、热轧、粉末冶金等）

（2）表面粗糙度 Ra 值的含义举例如下：

$\sqrt{}$：用任何方法获得的表面粗糙度 Ra 最大允许值为 $3.2\ \mu m$。

$\sqrt{}$：用去除材料的方法获得的表面粗糙度 Ra 最大允许值 $3.2\ \mu m$。

$\sqrt{}$：用不去除材料的方法获得的表面粗糙度 Ra 最大允许值为 $3.2\ \mu m$。

（3）表面粗糙度的检测。检测表面粗糙度常用比较法。比较法是将被测面与已知高度参数值的表面粗糙度样块进行比较，用目测和手摸的感触来判断表面粗糙的一种检测方法。比较时还可借助放大镜等工具，以减少误差。比较时，样板与被检表面的加工纹理方向应保持一致。此外，还有光切法、干涉法、感触法等检测方法。

第三节 常用工量具

一、游标卡尺

游标卡尺是车工最常用的中等精度的量具，结构简单，可以测量出工件的外径、孔径、长度、宽度、深度和孔距等尺寸。按式样不同，游标卡尺可分为带测深杆的游标卡尺和可调游标卡尺两种。

1. 游标卡尺的结构

（1）带测深杆的游标卡尺的结构形状，如图 1-27 所示。主要由尺身和游标等组成。使用时，旋松固定游标用的紧固螺钉即可测量。下量爪用来测量工件的外径和长度，上量爪用来测量孔径和槽宽，深度尺用来测量工件的深度和台阶的长度。测量时移动游标使量爪与工件接触，取得尺寸后，最好把紧固螺钉旋紧后再读数，以防尺寸变动。

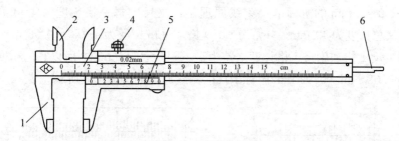

图 1-27 带测深杆的游标卡尺

1—下量爪；2—上量爪；3—标尺；4—紧固螺钉；5—下游标；6—测深杆

（2）可调游标卡尺的结构形状，如图 1-28 所示。为了调整尺寸方便和测量准确，在游标上增加了微调装置。旋紧固定微调装置的紧固螺钉 2，再松开紧固螺钉 4，用手指转动滚花螺母，通过小螺杆即可微调游标。其上量爪用来测量沟槽、直径或孔距，下量爪用来测量工件的外径。测量孔径时，游标卡尺的读数值必须加下量爪的厚度 b（b 一般为 10 mm）。

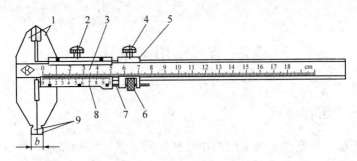

图 1-28 可调游标卡尺

1—上量爪；2、4—紧固螺钉；3—标尺；5—微调装置；

6—微调螺母；7—微调螺杆；8—下游标；9—下量爪

2. 游标卡尺的刻线原理

0.05 mm 的游标卡尺的刻线原理：主尺上每一格长度为 1 mm，副尺总长为 39 mm，并等分为 20 格，每格长度为 39/20＝1.95 mm，则主尺 2 格和副尺一格长度之差为 2－1.95＝0.05 mm，所以它的精度为 0.05 mm。其刻线原理如图 1-29 所示。

0.02 mm 的游标卡尺刻线原理是：主尺上每一格长度为 1 mm，副尺总长度为 49 mm，并等分为 50 格，每格长度为 49/50＝0.98 mm，则主尺 1 格和副尺 1 格长度之差为 1－0.98＝0.02 mm，所以它的精度为 0.02 mm。0.02 mm 游标卡尺的刻线原理如图 1-30 所示。

图 1-29 0.05 mm 的游标卡
尺的刻线原理

图 1-30 0.02 mm 的游标卡
尺刻线原理

3. 游标卡尺的测量值的读数方法

以 0.02 mm 游标卡尺为例：

第一步：根据副尺零刻线以左主尺上的最近刻度读出整数，如 19 mm，如图 1-31 所示。

第二步：根据副尺零线以右与主尺某一刻线对准的刻度数乘以刻

度值读出小数，36×0.02＝0.72 mm，如图 1 - 32 所示。

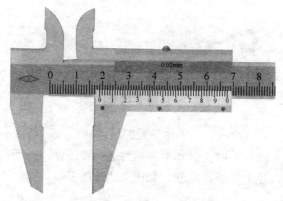

图 1 - 31　游标卡尺整数的读数

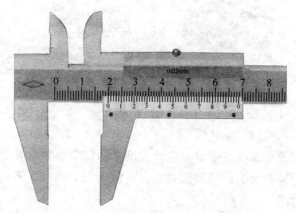

图 1 - 32　游标卡尺小数部分的读数

第三步：将主尺上读出的整数部分和副尺上读出的小数部分相加，即为所得测量值，即 19＋0.72＝19.72 mm。

4. 使用游标卡尺应注意的事项

测量前应将游标卡尺擦干净，检查量爪贴合后主尺与副尺的零刻度线是否对齐。测量时，所用的推力应使量爪紧贴接触工件表面，力量不宜过大，在游标上读数时，要正视游标卡尺，避免视力误差的产生。

（1）测量工件外形时，量爪应张开到略大于被测尺寸，以固定量爪贴住工件，用轻微压力把活动量爪推向工件，卡尺测量面连线应垂直于被测量表面，不能偏斜，如图 1-33 所示。

量爪略大于被
测工件尺寸

使测量爪靠
近工件表面

图 1-33　使用游标卡尺测量工件外形

（2）测量内尺寸时，量爪开度应略小于被测尺寸。测量时，两量爪应在孔的直径上，不得倾斜，如图 1-34 所示。

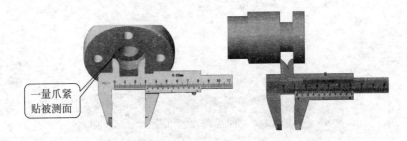

一量爪紧
贴被测面

图 1-34　使用游标卡尺测量工件内尺寸

（3）测量孔深或高度时，应使深度尺的测量面紧贴孔底，游标卡尺的端面与被测量工件的表面接触，且深度尺要垂直，不可前后、左右倾斜，如图 1-35 所示。

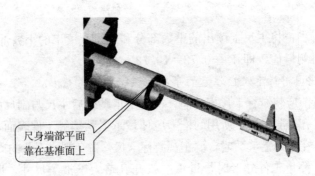

尺身端部平面
靠在基准面上

图 1-35　使用游标卡尺测量工件孔深或高度

二、千分尺

千分尺是利用螺纹原理制成的一种精密量具，测量精度是 0.01 mm，其种类如图 1 - 36 所示。外径千分尺是用来测量工件外径的千分尺，其测量范围有 0～25 mm、25～50 mm、50～75 mm、75～100 mm、100～125 mm 等，每隔 25 mm 为一档。

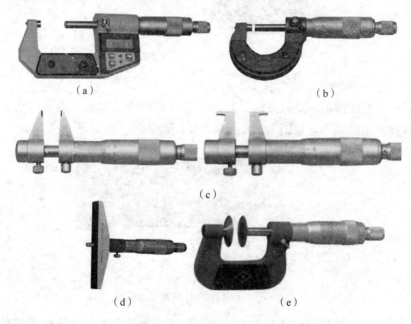

（a）　　　　　　　　　　　　　　　　（b）

（c）

（d）　　　　　　　　（e）

图 1 - 36　千分尺

（a）数显千分尺；（b）普通外径千分尺；（c）内径千分尺；

（d）深度千分尺（e）公法线千分尺

1. **外径千分尺的结构**

各种千分尺的结构大同小异，外径千分尺的结构如图 1 - 37 所示。

2. **外径千分尺的刻线原理**

测微螺杆右端螺纹为 0.5 mm，当微分筒转一周时，测微螺杆就能移动 0.5 mm。微分筒圆锥面上共刻有 50 格，因此微分筒每转一格，测微螺杆就移动 0.5÷50＝0.01 mm，这时外径千分尺的读取值即为 0.01 mm。

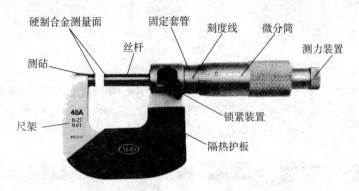

图1-37 外径千分尺的结构

3. 外径千分尺的读数方法

（1）先读出活动微分筒斜面边缘处露出的固定套管上刻线的整毫米数和半毫米数，如图1-38所示为13.5 mm。

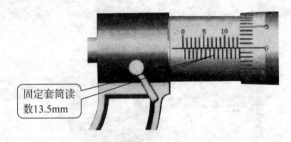

图1-38 外径千分尺整毫米数读数

（2）再读出活动微分筒上的刻线与固定套管上的基准线所对准的数值即小数部分，如图1-39所示为27×0.01 mm。

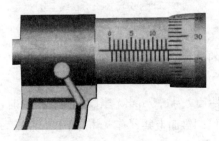

图1-39 外径千分尺小数部分读数

（3）将固定套管上读出的整数部分与活动微分筒上读出的小数部分相加，即为所得测量值，即 13.5＋0.27＝13.77 mm。

4. 使用千分尺时的注意事项

千分尺的测量面应保持干净，使用前校对零位，并根据不同公差等级的工件，合理地选用千分尺。

（1）测量时，先转动微分筒，使测微螺杆端面逐渐接近工件被测表面，再转动棘轮，直到棘轮打滑并发出"咔咔"声，表明两测量端面与工件刚好贴合或相切，然后读出测量尺寸值，如图 1-40 所示。

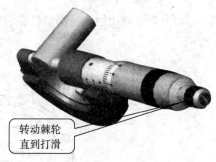

图 1-40　转动微分筒和棘轮的方法

（2）测量前要去除被测零件的毛刺，擦拭干净，不可用千分尺去测量粗糙的表面，以免损坏千分尺的精度。

（3）如图 1-41 所示分别是双手测量法和单手测量法，单手测量法主要测量较小尺寸的工件外径，测量时千分尺要放正，并应使用测力装置控制测量压力。

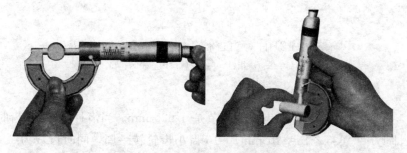

图 1-41　双手测量法和单手测量法

（4）测量后，如暂时需要保留尺寸，应用千分尺的锁紧装置锁紧，并轻轻取下千分尺。

三、百分表

百分表是一种精密量具，可用来检验机床精度和测量工件尺寸、形状和位置误差。

1. 百分表的结构

百分表一般由触头、测量杆、齿轮、指针、表盘等组成，如图1-42所示。

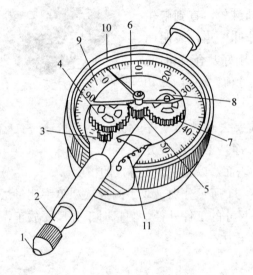

图1-42　百分表

1—触头；2—测量杆；3—小齿轮；4、7—大齿轮；5—中间小齿轮；
6—长指针；8—短指针；9—表盘；10—表圈；11—拉簧

2. 百分表的刻线原理

百分表内的齿杆和齿轮的周节是0.625 mm。当齿杆上升16齿时（即上升 $0.625 \times 16 = 10$ mm），16齿小齿轮转一周，同时齿数为100齿的大齿轮也转一周，就带动齿数为10的小齿轮和长指针转10周，即齿杆移动1 mm时，长指针转一周。由于表盘上共刻100格，所以长指针每转一格表示齿杆移动0.01 mm。

3. 百分表的读数方法和使用

百分表表面上有长指针和短指针，长指针转动一周为 1 mm，表面周围有等分 100 格的刻线，指针每转动 1 小格为 0.01 mm。测量时，长指针转过的格数即为测量尺寸。其安装和使用方法如图 1-43 所示。

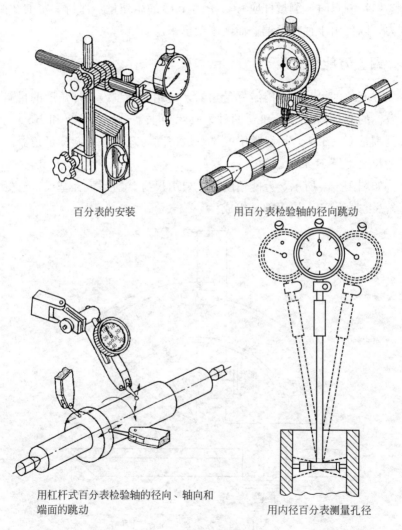

百分表的安装

用百分表检验轴的径向跳动

用杠杆式百分表检验轴的径向、轴向和端面的跳动

用内径百分表测量孔径

图 1-43 百分表的使用

4. 注意事项

（1）测量前，检查表盘和指针有无松动现象。

（2）测量前，检查长指针是否对准零位，如果未对齐则及时调整。

（3）测量时，测量杆应垂直于工件表面。

（4）测量时，测量杆应有 0.3～1 mm 的压缩量，保持一定的初始测力，以免由于存在负偏差而测不出值来。

四、万能角度尺

万能角度尺又称万能游标量角器，是用来测量内、外角度的量具。按游标的测量精度为 2′ 和 5′ 两种，其示值误差分别为 ±2′ 和 ±5′，测量范围是 0°～320°，一般常用的是测量精度为 2′ 的万能游标量角器。

1. 万能角度尺的结构

如图 1-44 所示，万能角度尺主要由尺身、扇形板、基尺、游标、直角尺、直尺和卡块等部分组成。

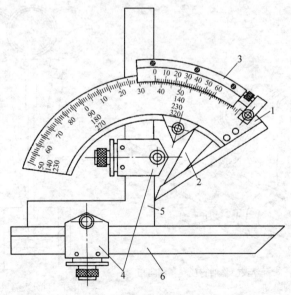

图 1-44 万能游标角度尺

1—尺身；2—基尺；3—游标；4—卡块；5—90°角尺；6—直尺

2. 2′万能角度尺的刻线原理

万能角度尺的尺身刻线每格为1°，游标共30格等分29°，游标每格为29°/30＝58′，尺身1格和游标1格之差为1°－58′＝2′，所以它的测量精度为2′。

3. 万能角度尺的读数方法

如图1-45所示，先读出游标尺零刻度前面的整度数，再看游标卡尺第几条刻线和尺身刻线对齐，读出角度"′"的数值，最后两者相加就是测量角度的数值。

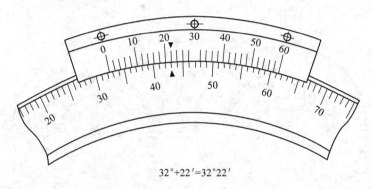

32°+22′=32°22′

图1-45　万能角度尺的读数法

4. 万能角度尺的测量范围

如图1-46所示，万能角度尺由于直尺和90°角尺可以移动和拆换，因此可以测量从0°～320°的任何角度。

5. 注意事项

（1）使用前应检查是否与零位对齐。

（2）测量时，应使万能角度尺的两测量值与被测件表面在全长上保持良好接触，然后拧紧制动器上的螺母即可读数。

（3）在50°～140°范围内测量时，应装上直尺；在140°～230°范围内测量时，应装上角尺；在230°～320°范围内测量时，不装角尺和直尺。

（4）万能角度尺用完后应擦净上油，放入专用盒内。

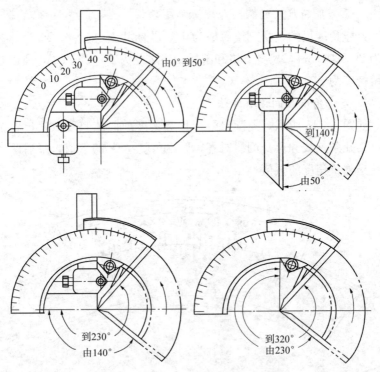

图 1-46　万能游标量角器的测量范围

五、外卡钳和内卡钳

卡钳分为外卡钳和内卡钳，分别如图 1-47 和图 1-48 所示。

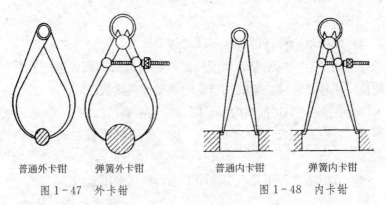

普通外卡钳　　　弹簧外卡钳　　　　　普通内卡钳　　　弹簧内卡钳

图 1-47　外卡钳　　　　　　　图 1-48　内卡钳

外卡钳用来测量工件的外径尺寸，内卡钳主要用于测量工件的内径尺寸。由于卡钳本身不带刻度，不能直接读出数值，因此，使用时应与钢直尺或千分尺等配合使用，如图 1-49 所示。

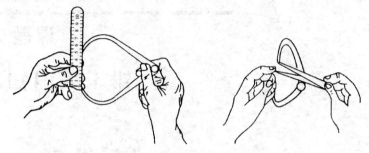

图 1-49　取尺寸的方法

外卡钳和内卡钳的使用方法，如图 1-50 所示。

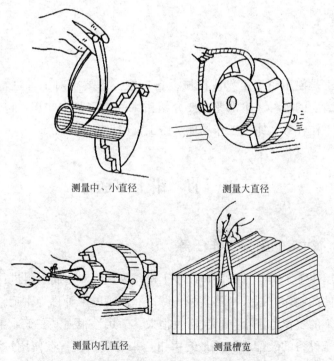

测量中、小直径　　　　　　　测量大直径

测量内孔直径　　　　　　测量槽宽

图 1-50　外卡钳和内卡钳的使用方法

课题 2

钳工入门知识

◎第一节　钳工概述
◎第二节　钳工常用的设备

　　钳工是使用钳工工具或机械设备，按技术要求对工件进行加工、修整、装配的工种。本课题主要介绍钳工的一些基本知识：包括钳工的主要工作任务、钳工工作场地及钳工常用设备。

第一节　钳工概述

一、钳工的主要工作任务

　　使用钳工工具、钻床等，以手工操作为主，对金属材料进行加工，完成零件的制作，以及机器装配、调试和修理的工种称为钳工。

　　钳工的工作范围很广，灵活性很大，适用性很强。在工业生产中，各种机械设备的装配和调试最终由钳工来完成；设备在使用过程中出现故障、损坏、丧失精度等，需要钳工维护、修理；工具、夹具、量具及模具的制造、维修、调整等,也需要钳工来完成;另外,技术改造、工装改进、零件的局部加工,甚至用机械加工无法进行的零件加工,都需要钳工来完成。

因此,钳工是机械制造业中不可缺少的工种。它们的主要任务是:零部件的划线、产品加工、装配、检查、调试、维修以及制造工具、夹具、量具、模具等。

二、钳工种类

钳工按工作性质来分,主要有以下五类:

(1)装配钳工:指使用钳工常用工具、钻床,按技术要求对工件进行加工、维修、装配的人员。

(2)机修钳工:指使用工具、量具及辅助设备,对各类设备机械部分进行维护和修理的人员。

(3)划线钳工:熟悉图纸,了解有关的加工工艺;对阀体、箱体以及各种复杂工件进行平面和立体划线。

(4)模具钳工:指利用相关知识对模具进行设计,并使用机器或各种工量具进行模具制造的人员。

(5)工具钳工:指使用钳工工具、钻床等设备,进行刃具、量具、模具、夹具、索具等(统称工具,亦称工艺设备)的加工和修整、组合装配、调试与修理的人员。

三、钳工工作场地

钳工工作场地是指钳工的固定工作地点。为了工作方便,钳工工作场地布局一定要合理,符合安全文明生产的要求。

1. 合理布置主要设备

(1)钳工工作台应安放在光线适宜、工作方便的地方,钳工工作台之间的距离应适当。面对面放置的钳工工作台还应在中间安装安全网。

(2)砂轮机、钻床应安装在场地的边缘,尤其是砂轮机一定要安装在安全可靠的地方。

2. 毛坯和工件的放置

毛坯和工件要分别摆放整齐，工件尽量放在搁架上，以免磕碰。

3. 合理摆放工、夹、量具

合理摆放工、夹、量具，常用工、夹、量具应放在工作位置附近，便于随时取用。工具、量具用后应及时保养放回原处存放。

4. 工作场地应保持整洁

每个工作日下班后应按要求对设备进行清理、润滑，并把工作场地打扫干净。

第二节　钳工常用的设备

一、钳工常用设备

钳工工作场地内常用设备有：钳工工作台、台虎钳、砂轮机、台式钻床、立式钻床、摇臂钻床等。

1. 钳工工作台

钳工工作台，也称钳台或钳桌，是钳工专用的工作台。台面上装有台虎钳、安全网，也可以放置平板、钳工工具、量具、工件和图样等，如图 2-1 所示。

钳台多为铁木结构，台面上铺有一层软橡皮。其高度一般为800～900 mm，长度和宽度可根据需要而定。装上台虎钳后，操作者工作时的高度应比较合适，一般多以钳口高度恰好等于人的手肘高度为宜。

2. 台虎钳

台虎钳由二三个紧固螺栓固定在钳台上，用来夹持工件。其规格以钳口的宽度来表示，常用的有 100 mm、125 mm、150 mm 等。

台虎钳有固定式和回转式两种，如图 2-2（a）和（b）所示。后者使用较方便，应用较广，它由活动钳身2、固定钳身5、丝杠1、螺

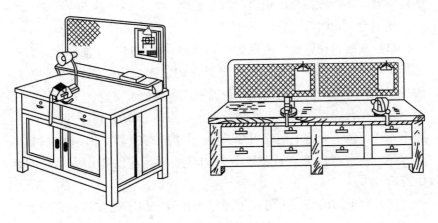

图 2-1　钳工工作台

母 6、夹紧盘 8 和转盘座 9 等主要部分组成。

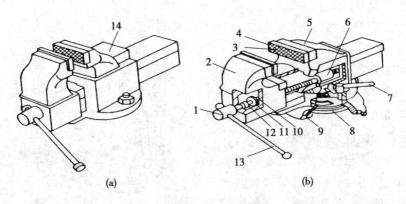

图 2-2　台虎钳

（a）固定式台虎钳；（b）回转式台虎钳

1—丝杠；2—活动钳身；3—螺钉；4—钳口；5—固定钳身；6—螺母；7—手柄；
8—夹紧盘；9—转盘座；10—销钉；11—挡圈；12—弹簧；13—长手柄；14—砧板

　　操作时，顺时针转动长手柄 13，可使丝杠 1 在螺母 6 中旋转，并带动活动钳身 2 向内移动，将工件夹紧；当逆时针旋转长手柄 13 时，可使活动钳身向外移动，将工件松开。固定钳身 5 装在转盘座 9 上，并能绕转盘座轴心线转动，当转到要求的方向时，扳动手柄 7 使夹紧螺钉旋紧,将台虎钳整体锁紧在钳桌上。

使用台虎钳时应注意以下几点:

(1) 安装台虎钳时,一定要使固定钳身的钳口工作面露出钳台的边缘,以方便夹持条形的工件。此外,固定台虎钳时螺钉必须拧紧,钳身工作时不能松动,以免损坏台虎钳或影响加工质量。

(2) 在台虎钳上夹持工件时,只允许依靠手臂的力量来扳动手柄,决不允许用锤子敲击手柄或用管子接长手柄夹紧,以免损坏台虎钳。

(3) 在台虎钳上进行錾削等强力作业时,应使作用力朝向固定钳身。

(4) 台虎钳的砧板上可用手锤轻击作业,但不能在活动钳身上进行敲击作业。

(5) 丝杠、螺母和其他配合表面应保持清洁,并加油润滑,以使操作省力,防止生锈。

3. 砂轮机

砂轮机是用来刃磨刀具、工具的钳工常用设备,也可用来磨去工件或材料上的毛刺、锐边等。它由电动机、砂轮机座、拖架和防护罩等部分组成,如图2-3所示。

砂轮机启动后,应在砂轮旋转平稳后再进行磨削,若砂轮跳动明显,应及时停机修整。平形砂轮一般用砂轮刀在砂轮上来回修整。

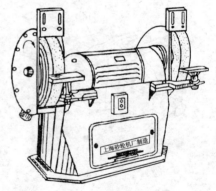

图2-3 砂轮机

砂轮机使用时应严格遵守以下安全操作规程:

(1) 磨削时,人要站在砂轮的侧面。

(2) 砂轮在启动后应等到转速正常后再开始磨削。

(3) 磨削时刀具或工件对砂轮施加的压力不能过大。

(4) 砂轮外圈误差较大时,应及时修整。

(5) 砂轮的旋转方向应正确,使磨屑向下飞离砂轮。

（6）砂轮机架和砂轮之间的距离应保持在 3 mm 左右，以防止工件磨削时扎入造成事故。

4. 台式钻床

台式钻床是一种小型钻床，简称台钻。其结构简单，操作方便，用来钻 13 mm 以下的孔，适用于加工小型工件。台钻主轴转速较高，常用皮带传动，由五级带轮变换转速。台式钻床主轴的进给只有手动进给，而且一般都具有表示或控制孔深度的装置，如刻度盘、刻度尺、定位装置等。钻孔后，主轴能在弹簧的作用下自动上升复位。

Z512 型台钻是钳工常用的一种台钻，如图 2-4 所示。电动机 6通过五级皮带轮 3 可使主轴 1 获得五种不同的转速。机头 2 套在立柱 8上，摇动摇把 4 作上下移动，并可绕立柱中心转动，调整到适当位置后用手柄 9 锁紧。

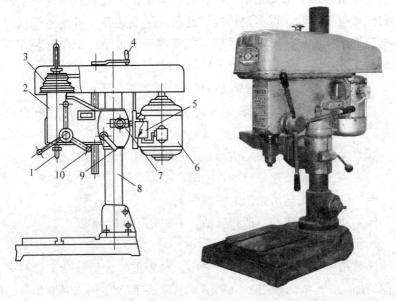

图 2-4　台式钻床

1—主轴；2—机头；3—带轮；4—摇把；5—电源开关；6—电动机；

7—螺钉；8—主柱；9—锁紧手柄；10—进给手柄

台钻的转速较高。因此，一般不宜在台钻上进行锪孔、铰孔和攻螺纹等加工。

台式钻床的使用及维护保养注意事项如下：

（1）在使用过程中，工作台面必须保持清洁。

（2）钻通孔时必须使钻头能通过工作台面上的让刀孔，或在工件下面垫上垫铁，以免钻坏工作台面。

（3）用完后须将钻床外露滑动面及工作台面擦净，并对各滑动面及各注油孔加注润滑油。

5. 立式钻床

立式钻床是一种中型钻床，按最大的钻孔直径区分，有 25 mm、35 mm、40 mm 和 50 mm 等规格，适用于钻孔、扩孔、铰孔和攻螺纹等加工。其结构如图 2-5 所示。

电动机通过主轴变速箱（齿轮转动）驱动主轴旋转，变更变速手柄的位置可使主轴获得多种转速。通过进给变速箱，可使主轴获得多种机动进给速度，转动进给手柄可以实现手动进给。工作台装在床身导轨的下方，可沿床身导轨上下移动，以适应不同工件的加工。

立式钻床 Z525 的使用及维护保养注意事项如下：

（1）使用前必须空运转试车，机床各部分运转正常后方可进行操作。

（2）使用时如采用自动进给，必须脱开自动进给手柄。

（3）调整主轴转速或自动进给时，必须在停车后进行。

（4）经常检查润滑系统的供油情况。

（5）使用完毕后必须清扫整洁，上油并切断电源。

6. 摇臂钻床

摇臂钻床是一种大型钻床，适用于对笨重的大型复杂工件及多孔工件的加工。其结构如图 2-6 所示，主要靠移动主轴来对准工件孔的中心，使用时比立式钻床方便。其最大钻孔直径有 63 mm、80 mm、100 mm 等多种规格。摇臂钻床的主轴变速箱 3 能在摇臂 4 上作大范围的移动，而摇臂 4 又能绕立柱 2 回转 360°，并可沿立柱 2 上下移动，所以应用范围较广。工作时工件可压紧在工作台 5 上，也可以直接放在底座 6 上加工。

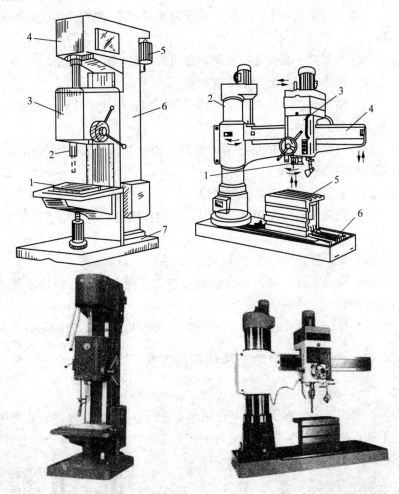

图 2-5　立式钻床

1—工作台；2—主轴；3—进给箱；4—变速箱；
5—电动机；6—立柱；7—底座

图 2-6　摇臂钻床

1—主轴；2—立柱；3—主轴变速箱；
4—摇臂；5—工作台；6—底座

　　使用摇臂钻床时要注意：主轴变速箱或摇臂移位时，必须先松开锁紧装置，移动至所需位置夹紧后方可使用，操作时可用手拉动摇臂回转。摇臂钻床工作结束后，必须将主轴变速箱移至摇臂的最内端，以保证摇臂的精度。

为保证安全文明生产，使用钻床时必须严格遵守钻床的安全操作规程：

（1）严禁戴手套操作，女同志必须戴好安全帽。

（2）钻床工作台上禁止堆放物件。

（3）钻削时，必须用夹具夹持工件，禁止使用手拿，钻通孔时应在其下部垫上垫块。

（4）钻出的切屑禁止用手或棉纱之类物品清扫，也不能用嘴吹。清扫切屑应该用毛刷。

（5）应对钻床定期添加润滑油。

（6）使用钻夹头装卸麻花钻时，需用钻钥匙，不许用手锤等工具敲打。

（7）变换转速、装夹工件、装卸钻头时，必须停车。

（8）发现工件不稳，钻头松动，进刀有阻力时，必须停车检查，清除缺陷后，方可继续。

（9）操作者离开钻床时，必须停车，使用完毕后，及时切断电源。

二、钳工常用电动工具和气动工具

（一）手电钻

主要用于工件不便于在其他钻床上进行钻孔加工以及设备修理中，在不进行零件拆卸的情况下进行的孔加工或者是配钻等场合。手电钻的形式主要有以下几种：

1. 枪柄式电钻

枪柄式电钻如图 2-7 所示。

2. 双侧手柄式电钻

双侧手柄式电钻如图 2-8 所示。

3. 环柄式电钻

环柄式电钻如图 2-9 所示。

手电钻使用时，必须注意以下两点：

图 2-7 枪柄式电钻

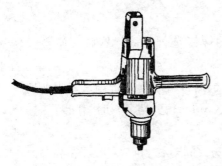

图 2-8　双侧手柄式电钻

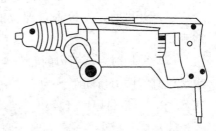

图 2-9　环柄式电钻

（1）使用前，必须开机空转 30 秒以上，检查传动部分是否正常，主轴转向是否正确。

（2）用手电钻钻孔时，压力尽量小，特别是孔即将被钻穿时，更应减小压力，以防钻头突然前冲造成事故。

（二）电磨头

电磨头适用于大型工具、夹具、模具的装配调整中，对工件进行修磨和抛光，装上不同形状的磨头，还可修磨各种凹、凸模的成形面，其形式如图 2-10 所示。

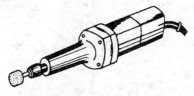

图 2-10　电磨头

电磨头使用时应注意以下三点：

（1）先空运转检查其旋转方向及声音是否正常。

（2）新装的砂轮磨头应修整后再使用。

（3）砂轮磨头的形状、尺寸不得超过电磨头的规定尺寸，刃磨时的压力不宜过大，特别是薄片状砂轮刃磨时。

（三）电剪刀

手持式电剪刀主要用于剪切各种几何形状的金属板材，用电剪刀剪切后的板材板口平整、变形小、剪口质量较高，其形式如图 2-11 所示。

图 2-11　手持式电剪刀

使用电剪刀时应注意以下几点：

（1）开机前，先检查各部位的螺钉是否紧固，然后开始空运转检查。

（2）剪切时，两刀刃的间距要根据材料厚度进行调试，当剪切厚板材料时，两刃口间距 S 为 $0.2\sim0.3$ mm；剪切薄板时，间距 S 按公式 $S=0.2\times$ 板材厚度计算获得。

（3）当进行小半径剪切时，两刃口间距 S 为 $0.3\sim0.4$ mm。

（四）型材切割机

型材切割机主要用于切割圆管、异形钢管、角钢、扁钢、槽钢等各类型材，型材切割机的规格是指所用砂轮片的直径尺寸，其形式有以下四种：

1. 可移式切割机

可移式切割机如图 2-12 所示。

2. 拎攀式切割机

拎攀式切割机如图 2-13 所示。

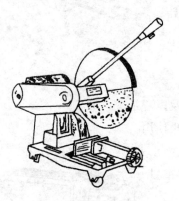

图 2-12 可移式切割机

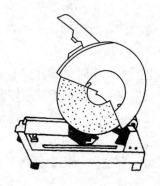

图 2-13 拎攀式切割机

3. 转盘式切割机

转盘式切割机如图 2-14 所示。

4. 箱座式切割机

箱座式切割机如图 2-15 所示。

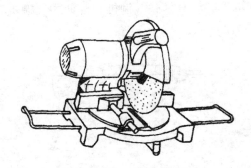 

图 2-14　转盘式切割机　　　　图 2-15　箱座式切割机

（五）气钻

气钻的形式主要有直柄式气钻和枪柄式气钻两类，其中枪柄式气钻又分为带手柄式和不带手柄式两种，其形式如图 2-16 和图 2-17 所示。

图 2-16　直柄式气钻

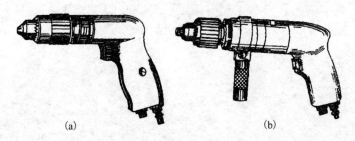

（a）　　　　　　　　　　（b）

图 2-17　枪柄式气钻

（a）不带手柄式；（b）带手柄式

（六）气动铆钉机

气动铆钉机可实现中、小型铆钉的快速铆接，且铆接质量稳定、效率较高。气动铆钉机最常用的形式有直柄式气铆机和枪柄式气铆机两种，分别如图 2-18 和图 2-19 所示。

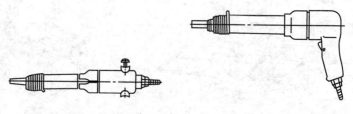

图 2-18　直柄式气铆机　　　　图 2-19　枪柄式气铆机

课题 3

划　　线

　　划线是根据加工图样的要求，在毛坯或半成品表面上准确的划出加工界线的一种钳工操作技能。划线的作用是给加工者以明确的标志和依据，便于工件在加工时找正和定位，通过划线借料得到补救，合理分配加工余量。

第一节　划线概述

　　根据图样和技术要求，在毛坯或半成品上用划线工具划出加工界线，或划出作为基准的点、线的操作过程称为划线。划线有平面划线和立体划线两种。只需要在工件一个表面上划线后即能明确表示加工界线的，称为平面划线，如图 3-1 所示；需要在工件几个互成不同角度的表面上划线，才能明确表示加工界线的，称为立体划线，如图 3-2所示。

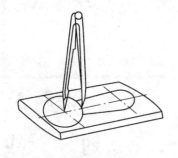
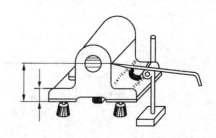

图 3-1　平面划线　　　　　图 3-2　立体划线

划线的要求是线条清晰均匀，定形、定位尺寸准确。由于划线的线条有一定的宽度，一般要求划线的精度达到 0.25～0.5 mm。应当注意，工件的加工精度不能完全由划线确定，而应该在加工过程中通过测量来保证。

一、划线的作用

（1）确定工件加工余量，使加工有明显的尺寸界限。

（2）为便于复杂工件在机床上的装夹，可按划线找正定位。

（3）能及时发现和处理不合格的毛坯。

（4）当毛坯误差不大时，可通过借料划线的方法进行补救，提高合格率。

二、划线前的准备工作

（1）划线前，必须认真地分析图纸和工件的加工工艺规程，合理选择划线的基准，确定划线方法和找正借料的方案。

（2）清理毛坯件的浇口、冒口，锻件毛坯的飞边和氧化皮，已加工工件的锐边、毛刺等。

（3）根据不同工件，选择适当的涂色剂，在工件上的划线部位均匀涂色。

三、划线工具

（一）划线平台

划线平台（又称划线平板）是由铸铁毛坯经精刨或刮削制成。其作用是用来安放工件和划线工具，并在平台工作面上完成划线过程，如图 3-3 所示。

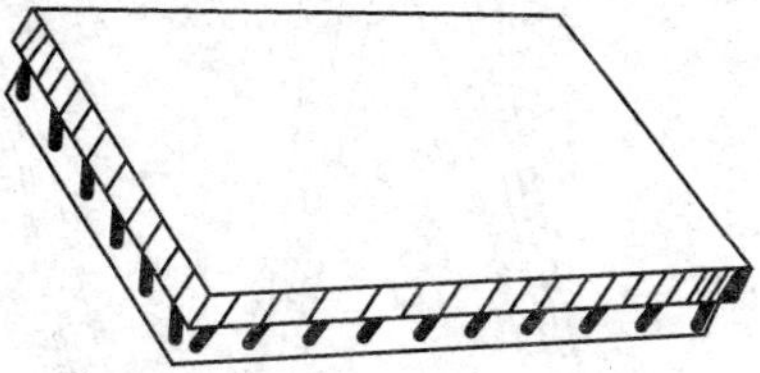

图 3-3 划线平台

（二）划针

如图 3-4（a）所示，划针是直接在毛坯或工件上划线的工具。在已加工表面上划线时经常使用 $\phi 3 \sim \phi 5$ mm 的弹簧钢丝或高速钢制成的划针，将划针尖部刃磨成为 $15°\sim 20°$，并经淬火处理以提高其硬度和耐磨性，如图 3-4（b）所示。在铸件、锻件等表面上划线时，常用尖部焊有硬质合金的划针，可与钢直尺配合使用，划线时划针向划线方向倾斜 $45°\sim 75°$ 夹角。

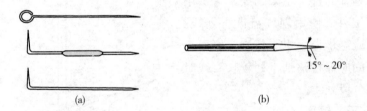

图 3-4 划针

（a）划针形状；（b）划针尖端形状

（三）划规

如图 3-5 所示，划规是用来划圆、圆弧、等分线段、等分角度和量取尺寸的工具。

划规两脚长度要磨得稍有不等，两脚合拢时脚尖才能靠紧，划圆弧时应将手力作用到作为圆心的一脚，以防中心滑移。

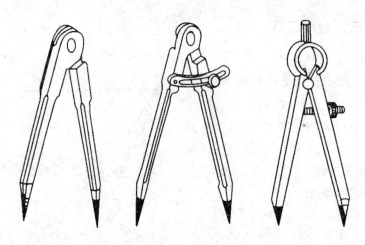

图 3-5　划规

（四）划线盘

如图 3-6 所示，划线盘是直接划线或找正工件位置的工具。一般情况下，划针的直头用来划线，弯头用来找正工件。使用划线盘进行划线时，划针应尽量处于水平位置，底面与平板之间应保持清洁，划较长直线时要采用分段划线。

（五）钢直尺

钢直尺是一种简单的测量工具和划线的导向工具。尺身上有尺寸刻线，最小刻线距离为 0.5 mm。

（六）高度游标卡尺

如图 3-7 所示，高度游标卡尺是比较精密的量具及划线工具，它可以

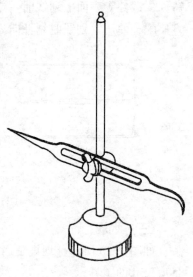

图 3-6　划线盘

用来测量高度，又可以用量爪直接划线。其读数精度一般为 0.02 mm。在划线时，划线脚与工件划线表面之间应成 45°角，毛坯料一般不能直

接用高度游标卡尺划线，用完后及时上油。

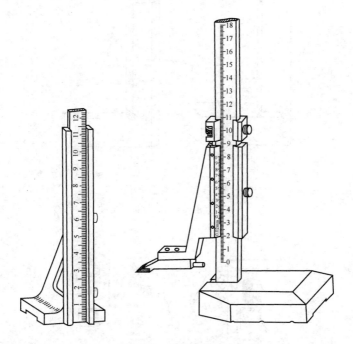

图 3-7 高度游标卡尺

（七）90°刀口角尺

90°刀口角尺，在钳工制作中应用广泛，它可作为划平行线、垂直线的导向工具，还可以用来找正工件在划线平板上的垂直位置，并可检验工件两平面的垂直度或单个平面的平面度。90°刀口角尺主要有宽座直角尺和样板直角尺两种，如图 3-8 所示。

1. 刀口角尺的使用

刀口角尺是样板平尺中的一种，因它有圆弧半径为 0.1~0.2 mm 的棱边，如图 3-9 所示，故可用漏光法或痕迹法检验垂直度、直线度和平面度。当直角尺一边贴在零线基准表面时，应轻轻压住，然后使直角尺的另一边与零件被测表面接触，根据透光的缝隙，判断零件相互垂直面的垂直精度。

检查工件直线时，刀口尺的测量棱边紧靠工件表面，然后观察漏

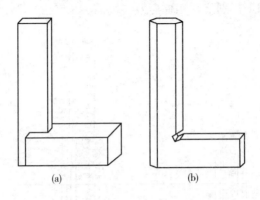

图3-8 刀口直角尺

(a) 宽座直角尺；(b) 样板直角尺

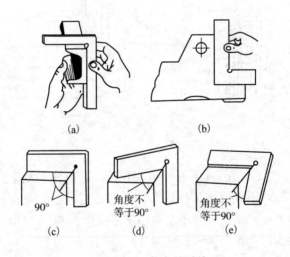

图3-9 刀口角尺测量

(a) 检验外角；(b) 检验内角；(c) 正确；(d) 不正确；(e) 不正确

光缝隙大小，判断工件表面是否平直。在明亮而均匀的光源照射下，全部接触表面能透过均匀而微弱的光线时，被测表面就很平直。

2. 注意事项

(1) 检验平面度时，还应沿对角线方向检验。

(2) 直角尺的放置位置不能歪斜，否则测量不正确。

（3）检验内角的方法与检验外角的方法相同。

（八）样冲

如图 3-10 所示，样冲用于工件所划的加工线条上打样冲眼，作为加强工件界限标志，还用于圆弧中心或钻孔时的定位中心打眼。

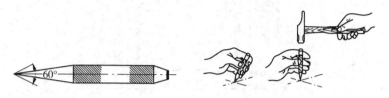

图 3-10　样冲及其使用方法

（九）支撑夹持工件的工具

划线时支撑夹持工件的常用工具有垫铁、V 形架、角铁、方箱和千斤顶，分别见图 3-11～图 3-15 所示。

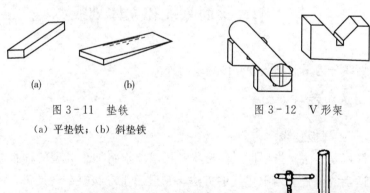

(a)　　　　　　　　(b)

图 3-11　垫铁

(a) 平垫铁；(b) 斜垫铁

图 3-12　V 形架

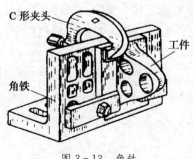

C 形夹头

工件

角铁

图 3-13　角铁

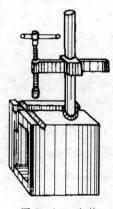

图 3-14　方箱

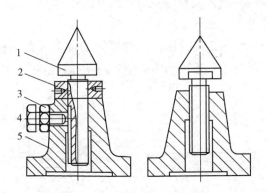

图 3-15 千斤顶

1—顶尖；2—螺母；3—锁紧螺母；4—螺钉；5—基体

第二节　平面划线和立体划线

划线分为平面划线和立体划线两种。

一、平面划线

（一）样板划线

样板划线法是指根据工件形状和尺求要求将加工成型的样板放在毛坯适当的位置上划出界线的方法。它适用于形状复杂、批量大、精确要求一般的场合。其优点是容易对正基准，加工余量留得均匀，生产效率高。在板料上用样板划线可以合理排料，提高材料利用率。

（二）几何划线

几何划线法是根据图纸的要求，直接在毛坯或零件上利用平面几何作图的基本方法划加工界线的方法。它适用于小批量、较高精度要求的场合。它的基本线条有平行线、垂直线、圆弧与直线、圆弧和圆弧连接线等。

（三）平面划线基准的选择

划线时，首先要选择和确定基准线和基准平面，然后根据它划出其余的线。一般可选用图纸上的设计基准或重要孔的中心线作为划线基准；如工件上个别平面已加工过，则应选加工过的平面为基准。

常见的划线基准有三种（分别如图 3-16～图 3-18 所示）：

（1）以两个相互垂直的平面为基准。

（2）以一条中心线和与它垂直的平面为基准。

（3）以两条互相垂直的中心线为基准。

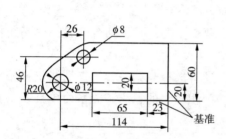

图 3-16　两平面为基准　　　图 3-17　一中心线和一平面为基准

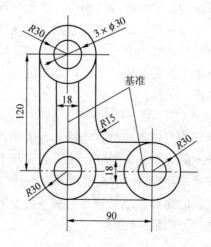

图 3-18　二中心线为基准

二、立体划线

（一）立体划线时工件的放置、找正、借料及基准选择

1. 工件或毛坯的放置

立体划线时，零件或毛坯放置位置的合理选择十分重要。一般较复杂的零件都要经过 3 次或 3 次以上的位置，才能将全部线条划出，而其中特别重视第一划线位置的选择。其选择原则如下：

（1）第一划线位置的选择。优先选择如下表面：零件上主要的孔、凸台中心线或重要的加工面；相互关系最复杂及所划线条最多的一组尺寸线；零件中面积最大的一面。

（2）第二划线位置的选择。要使主要的孔、凸台的另一中心线在第二划线位置划出。

（3）第三划线位置的选择。通常选择与第一和第二划线位置相垂直的表面，该面一般是次要的、面积较小的、线条关系简单且线条较少的表面。

2. 划线基准的选择

立体划线的每一划线位置都有一个划线基准，而且划线往往就是在这一划线位置开始的。它的选择原则是：尽量与设计基准重合，对称形状的零件，应以对称中心线为划线基准；有孔或凸台的零件，应以主要的孔或凸台的中心线为划线的基准；未加工的毛坯，应以主要的、面积较大的不加工面为划线的基准；加工过的零件应以加工后的较大表面为划线基准。

3. 划线时的找正

找正是利用划线工具检查或校正零件上有关的表面，使加工表面的加工余量得到合理的分布，使零件上加工表面与不加工表面之间尺寸均匀。零件找正是依照零件选择划线基准的要求进行的，零件的划线基准又是通过找正的途径来最后确定它在零件上的基准位置。所以找正和划线基准选择原则是一致的。

4. 划线的借料

零件毛坯划线时，经找正后某些部位的加工余量仍不够，这时就

要进行借料。

所谓借料就是通过试划和调整，使各个加工表面加工余量合理分配、互相借用，从而保证各个加工表面都有足够的加工余量，而误差和缺陷可以在加工后排除。它是提高毛坯工件合格率的方法之一。

借料划线时，要仔细研究工件各部尺寸，找出其偏移的位置与偏移量大小，再合理分配各部分加工余量，根据偏移方向和偏移量，确定借料方向的大小，划出基准线，以基准线为依据，按图划出其余各线，再检查各加工表面加工余量，若发现余量不足，则应该调整各部位加工余量，重新划线。

（二）立体划线的步骤

（1）根据图样分析工件形体结构，加工要求以及与划线有关的尺寸关系，明确划线内容和要求。

（2）清理工件表面，去除铸件上的浇冒口、披缝及表面粘砂等，并对工件涂色，选定划线基准。

（3）根据图纸，检查毛坯工件是否符合要求。

（4）恰当地选用工具和正确安放工件。

（5）找到基准后，进行划线。

（6）复检，并仔细检查有无线条漏划。

（7）划好线条后，再打上必要样冲眼。

课题 4

錾 削

◎第一节 錾削工具
◎第二节 錾削姿势及要领
◎第三节 錾削的方法

用手锤锤击錾子对工件进行切削加工的操作方法叫做錾削。其操作工艺较为简单，切削效率和切削质量不高。目前，主要用于某些不便于机械加工的工件表面的加工，如清除铸锻件和冲压件的毛刺、飞边；分割材料；錾切油槽等。

第一节 錾削工具

一、錾子

錾子是錾削工件的刀具，一般用碳素工具钢（T7A 或 T8A）经锻打成形后再进行刃磨和热处理而形成。

（一）錾子的构造

如图 4-1 所示，錾子由头部 1、切削刃 2、切削部分 3、斜面 4 和柄 5 等组成。錾身一般制成八菱形，便于控制錾刃方向。头部做成圆锥形，顶部略带球面，使锤击时的作用力易于和刃口的錾切方向一致。切削部分由前刀面、后刀面和切削刃组成，如图 4-2 所示。

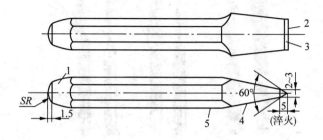

图 4-1 錾子的结构

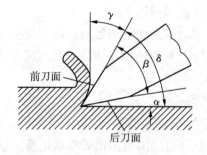

图 4-2 錾削示意图

（二）錾子的种类

如图 4-3 所示，根据用途不同，錾子一般可分为以下几种：

（1）扁錾。扁錾又称阔錾，切削的部分扁平，切削刃较长，且略带圆弧，其作用是在平面上錾去微小的凸起部分时，切削刃两边不易损坏平面的其他部分。常用于錾削平面，切割，去凸缘，毛刺和倒角等，是用途最广泛的一种錾子。

（2）狭錾。狭錾又称尖錾或窄錾，狭錾切削刃较短，且刃的两侧从切削刃至柄部逐渐变窄，其作用是防止錾槽时錾子两侧面被工件卡住。狭錾斜面有较大的角度，是为了保证切削部分有足够的强度。常

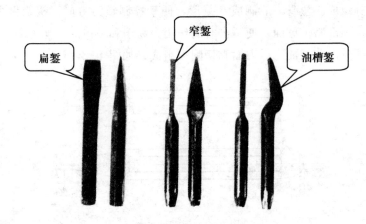

图 4-3 錾子的种类

用于錾沟槽、分割曲面和板料等。

（3）油槽錾。油槽錾的切削刃很短，两切面呈弧形，为了能够在开式的滑动轴承孔壁上錾削油槽，切削部分制成弯曲形状，油槽錾常用来錾削润滑油槽。

（三）錾子的刃磨

1. 錾子的刃磨要求

錾子的几何形状及合理的角度值要根据用途及加工材料的性质而定。錾子楔角的大小 β，要根据被加工的材料的硬软来决定，錾削较软的金属，可取 $30°\sim50°$，錾削的较硬的金属，可取 $60°\sim70°$；一般硬度的钢件或铸铁，可取 $50°\sim60°$，切削刃与錾子的几何中心线垂直，且应在錾子的对称面上，并使切削刃十分锋利。为此錾子的前刀面和后刀面必须磨得光滑平整，必要时在砂轮机上刃磨后再在油石上精磨，可使切削刃既锋利又不易磨损，因为此时切削刃的单位负荷减小了。

2. 錾子刃磨方法

如图 4-4 所示，双手握持錾子，在旋转着的砂轮缘上进行刃磨。刃磨时，必须使

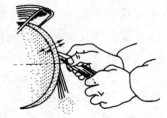

图 4-4 錾子的刃磨

切削刃高于砂轮水平中心线，在砂轮全宽上左右移动，并要控制錾子的方向和位置，保证磨出所需的楔角值。刃磨时，加在錾子上的压力不易过大，左右移动要平稳、均匀，并且刃口要经常蘸水冷却，以防退火。

二、手锤

手锤又称榔头，是钳工常用的敲击工具，錾削、矫正、弯曲、铆接和装拆零件等都常用手锤来敲击。如图 4-5 所示，手锤由锤头和木柄组成，锤头一般用工具钢制成，并经热处理淬硬，木柄用比较坚韧的木材制成，如胡桃木、白蜡木、檀木等。木柄装锥孔后用楔子楔紧，以防锤头脱落。手锤的规格用锤头的质量来表示，常用的有 1.25 kg，0.5 kg 和 1 kg 等几种。

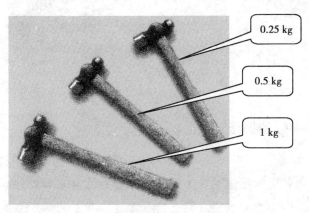

图 4-5 手锤

第二节 錾削姿势及要领

一、錾子的握法

1. 正握法

手心向下，腕部伸直，用中指、无名指握住錾子，小指自然合拢，食指和大拇指自然伸直地松靠，錾子头部伸出约 20 mm。錾子不能握得太紧，否则，手掌所承受的振动就大。錾削时，小臂自然平放成水平位置，肘部不能抬高或下垂，使錾子保持正确的后角。正握法是錾削中主要的握錾方法，如图 4 - 6 所示。

2. 反握法

手心向上，手指自然捏住錾子，手掌悬空，如图 4 - 7 所示。

图 4 - 6　正握法

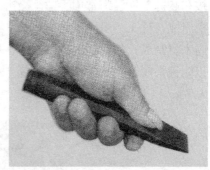

图 4 - 7　反握法

二、手锤的握法

1. 紧握法

右手无名指紧握锤柄，大拇指扣在食指上，虎口对准锤头方向，木柄尾端露出 15～30 mm。在挥锤和锤击的过程中，五指始终紧握，如图 4 - 8 所示。

2. 松握法

大拇指和食指始终紧握锤柄，在挥锤时，小指、无名指和中指则依次放松，在锤击时，又以相反的次序收拢握紧，如图 4 - 9 所示。

图 4 - 8　手锤紧握法

图 4 - 9 手锤的松握法

三、站立姿势

如图 4 - 10 所示，錾削时，身体在台虎钳的左侧，左脚跨前半步与台虎钳呈 30°角，左腿略弯曲，右脚习惯站立，一般与台虎钳的中心线约呈 75°角，两脚相距 250～300 mm，右脚要站稳伸直，不要过于用力。身体与台虎钳中心线呈 45°角，并略向前倾，保持自然。

四、挥锤方法及要领

1. 挥锤的方法

挥锤的方法有腕挥、臂挥、肘挥三种。

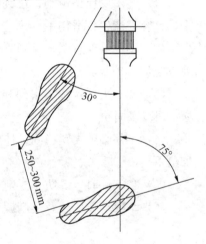

图 4 - 10 錾削站立姿势

（1）腕挥。是用手腕的动作进行锤击运动，采用紧握法握锤，一般用于錾前余量较少及錾削的开始和结尾。

（2）肘挥。是利用手腕和肘部一起挥动作锤击动作，采用松握法握锤，因挥动幅度较大，故锤击力也较大，应用广泛。

（3）臂挥。是用手腕、肘和全臂一起挥动，其锤击力最大，用于需要大力錾削的工作。

2. 锤击的要领

锤击时，锤子在右上方划弧线上下运动，眼睛要看在切削刃和工件之间，这样才能顺利地工作及保证产品质量。

锤击要稳、准、狠，其动作要一下一下有节奏地进行，锤击的速度一般在肘挥时约为 40 次/分左右，腕挥时约为 50 次/分左右。

锤击时，手锤敲下去应有加速度，以增加锤击的力量。

五、錾削的注意事项

（1）錾子要保持锋利，过钝的錾子不但工作费力，錾削的表面不平，且容易产生打滑伤手。

（2）錾子头部有明显毛刺时要及时磨掉，避免铁屑碎裂飞出伤人，前方应加防护网。

（3）錾子头部，锤子头部和木柄部均不应沾油，以防打滑，木柄松动时要及时更换。

（4）工件必须夹紧稳固，伸出钳口高度 10～15 mm，且工件下要加垫木。

（5）拿工件时，要防止錾削表面锐角划伤手指。

（6）掌握动作要领，錾削疲劳时要作适当休息。

第三节　錾削的方法

一、平面錾削方法

1. 起錾和终錾

如图 4 - 11 所示，起錾时采用斜角起錾，先在工件边缘尖角处起錾，将錾子尾部略向下倾斜，锤击力较小，先錾切出一个约 45°的小斜面后，缓慢地把錾子移到小斜面中间，然后按正常錾削角度进行錾削。

终錾时,要防止工件边缘材料崩裂,当錾削接近尽头 10～15 mm 时,必须调头錾去余下部分,尤其是錾铸铁,青铜等脆性材料更应如此,否则尽头处就会出现崩裂。

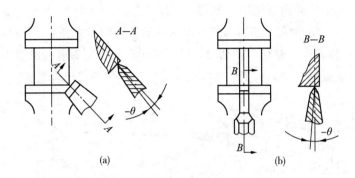

图 4-11 起錾的方法

(a) 斜角起錾;(b) 正面起錾

2. 錾削平面

錾削平面时,一般采用扁錾,常取后角在 $5°～8°$ 之间。錾削过程中,一般每錾削两三次后,可将錾子退回一些,稍微停顿,然后再将刃口顶住錾削处继续錾削,每次錾削材料厚度为 0.5～2 mm。

在錾削较宽的平面时,当工件被切削面的宽度超过錾子切削面的宽度时,一般要先用狭錾以适当的间隔开出工艺直槽,然后再用扁錾将槽间的凸起部分錾平,如图 4-12 所示。在錾削较窄的平面时(如槽间凸起部分),錾子的切削刃最好与錾削前进方向倾斜一个角度,使切削刃与工件有较大的接触面,这样在錾削过程中容易使錾子掌握平稳,如图 4-13 所示。

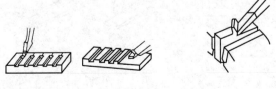

图 4-12 錾宽平面   图 4-13 錾窄平面

二、錾切材料

錾切材料的常用方法有以下几种：

（1）工件夹在台虎钳上錾切。如图 4 - 14 所示，錾切时，要使板料的划线（切断线）与钳口平齐，用扁錾沿着钳口并斜对着板料（约成 45°）自右向左錾切。錾切时，錾子的刃口不能正对着板料錾切，否则会由于板料的弹动和变形造成切断处产生不平整或出现裂缝。

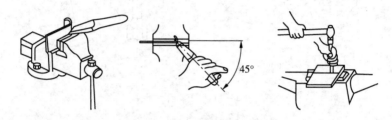

图 4 - 14　在台虎钳上錾切

（2）铁砧上或平板上錾切。如图 4 - 15 所示，对尺寸较大的板料或錾切线有曲线而不能在台虎钳上錾切时，可在铁砧（或旧木板）上进行。此时，切断用錾子的切削刃应磨成适当的弧形，以使前后錾痕连接齐整。当錾切直线段时，錾子切削刃的宽度可宽些（用扁錾）；錾切曲线时，刃宽应根据其曲率半径大小而定，以使錾痕能与曲线基本一致。錾切时，应由前向后錾，开始时錾子应放斜些，似剪切状，然后逐步放垂直，依次逐步錾切。

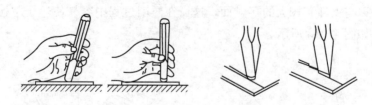

图 4 - 15　在平面上錾切

（3）用密集钻孔配合錾子錾切。如图 4 - 16 所示，当工件轮廓线复杂的时候，为了减少工件变形，一般先按轮廓钻出密集的排孔，然后再用扁錾、尖錾逐步錾切。

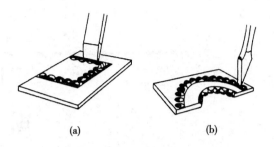

图 4-16　复杂形面上排孔錾切

（a）直线錾削；（b）曲线錾削

三、錾削油槽

油槽錾的切削部分应根据图样上油槽的断面形状，尺寸进行刃磨，同时在工件需錾削油槽部位划线，如图 4-17（a）所示。

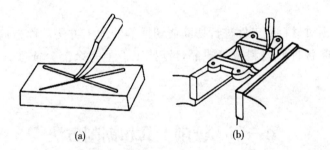

图 4-17　錾削油槽的方法

（a）平面上錾油槽；（b）曲面上錾油槽

起錾时，錾子要慢慢地加深到要求尺寸，錾到尽头时刃口必须慢慢翘起，保证槽底圆滑过渡。如果在曲面上錾油槽，錾子倾斜情况应随着曲面而变动，使錾削的后角保持不变，保证錾削顺利进行，如图 4-17（b）所示。

课题 5

锯 削

用锯对材料或工件进行切断或切槽等的加工方法，称为锯削。它可以锯断各种原材料或半成品，锯掉工件上多余部分或在工件上锯槽等。

第一节 锯削工具和锯削方法

一、手锯

手锯是由锯弓和锯条两个部分组成的。

（一）锯弓

锯弓的作用是张紧锯条，且便于双手操持。锯弓分固定式和可调节式两种，如图 5-1 所示。一般来说都选用可调节式的锯弓，因为固定式锯弓只能安装一种长度的锯条，而可调节式锯弓的安装距离可以调节，能安装几种长度的锯条。并且，可调式锯弓的锯柄形状便于用力。

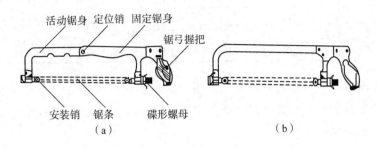

图 5-1　锯弓的形式

(a) 可调式；(b) 固定式

锯弓的两端都装有夹头，一端是固定的，一端是活动的。当锯条装在两端夹头的固定销后，旋紧活动夹头上的翼形螺母就可以把锯条拉紧。

（二）锯条

锯条是用来直接锯削材料或工件的工具。锯条一般由渗碳钢冷轧制成的，也有用碳素钢或合金钢制成，经热处理淬硬后才能使用。锯条的长度以两端安装孔中心距来表示，常用的锯条长度为 300 mm。

1. 锯条的切削角度

锯条单面有齿，相当于一排同样形状的錾子，每个齿都有切削作用。锯齿的角度是前角 $\gamma = 0°$，后角 $\alpha = 40°$，楔角 $\beta = 50°$

为了能减少锯条的内应力，充分利用锯条材料，目前已出现了双面有齿的锯条。两条锯齿淬硬，中间保持较好的韧性，不易折断，可延长使用寿命，大大节省了原材料。

2. 锯齿的粗细

锯齿的粗细是以锯条每 25 mm 长度内的锯齿数来表示。一般分为粗、中、细三种，齿数越多表示锯齿越细。如表 5-1 所示，锯齿粗细的选择应根据材料的软硬和厚薄来选用。

表 5 - 1　锯齿的粗细选择

规格	每 25 mm 长度内齿数	应　　　用
粗	14～18	锯削软钢、铜、铝、铸铁、人造胶质材料
中	22～24	锯削中等硬度钢、厚壁的钢管、铜管
细	32	薄片金属、薄壁管子
细变中	32～20	一般工厂中用，易于起锯

粗齿锯条的容屑槽较大，适用于锯削软材料或较大的表面，因为这种情况下每锯一次，都会产生较多的切屑，容屑槽大就不致发生堵塞而影响锯削的效率。

锯削硬材料或切面较小的工件应该用细齿锯条，因为硬材料不易被锯入，每锯一次切屑较少，不易堵塞容屑槽，同时，细齿锯条参加切削的齿数增多，可使每齿担负的锯削量较小，锯削的阻力小，材料易于切除，推锯省力，锯齿不易磨损。

锯削管子和薄板时，必须用细齿锯条，否则会因为齿锯大于板厚，使锯齿被钩住而崩断，锯削工件时，截面上至少要有两个以上的锯齿同时参加切削，才能避免锯齿被钩住而崩断的现象。

3. 锯路

如图 5 - 2 所示，制造锯条时，将锯齿按一定规律左右错开，排列成一定的形状，称为锯路。锯路主要有交叉形和波浪形等。锯条有了锯路后，使锯缝的宽度大于锯条的厚度，这样锯削时就减少了锯缝与

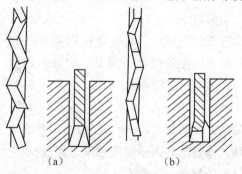

图 5 - 2　锯路

（a）交叉形；（b）波浪形

锯条之间的摩擦，锯条不会被锯缝卡住或折断，锯条也不至于因摩擦过热而加快磨损，延长了锯条的使用寿命，提高了锯削效率。

二、锯削的操作方法

（一）锯削前的准备

1. 锯条的安装

手锯向前推时才起切削的作用，因此锯条安装时一定要注意锯齿应向前倾斜，如图 5-3 所示。如果装反了，则锯齿的前角为负值，就不能正常锯削了。

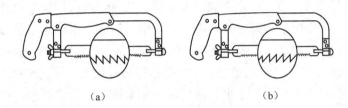

（a）　　　　　　　　　（b）

图 5-3　锯条的正确安装

（a）正确；（b）错误

锯条安装的松紧程度是通过调节翼形螺母来控制的，不能太紧也不能太松。太紧，使锯条的受力太大而失去应有的弹性，锯削的时候用力稍有不当或卡阻，就会折断。如果太松则锯削时锯条容易扭曲，也易折断，而且锯出的锯缝容易产生歪斜。所以锯条安装的松紧程度以手扳动锯条，感觉硬实即可。装好的锯条应与锯弓保持在同一平面内，以保证锯缝正直，防止锯条折断。

2. 工件的夹持

工件一般应夹持在台虎钳的左面，以便操作。工件伸出钳口不应过长，防止工件在锯削时产生振动，一般锯缝离开钳口侧面为 20 mm 左右，且锯缝线保持与钳口侧面平行，便于控制锯缝不偏离划线线条。夹紧要牢靠，避免锯削时工件移动或使锯条折断，同时要避免将工件夹变形和夹坏已加工面。

（二）起锯方法

起锯是锯削运动的开始，起锯的质量的好与坏，直接影响锯削的质量。如果起锯不当，常会出现锯条跳出锯缝将工件拉毛或者引起锯齿崩裂，或是起锯后锯缝与划线位置不一致，而使锯削尺寸出现较大的偏差。起锯的方法有远起锯和近起锯两种（如图5－4所示）。起锯时，用左手拇指靠住锯条，使锯条能够正确地锯在所需要的位置上，起锯行程要短，压力要小，速度要慢。远起锯是指从工件远离操作者的一端起锯，锯齿是逐步切入材料，不易被卡住，起锯较为方便。近起锯是指工件靠近操作者的一端起锯，这种方法如果掌握不好，锯齿容易被工件的棱边卡住，造成锯条崩齿，此时，可向后拉手锯作倒向起锯，使起锯时接触的齿数增加，再作推进起锯就不会因被棱边卡住而崩齿。一般情况下，采用远起锯的操作方法。当起锯锯到槽深为2～3 mm，锯条已不会滑出槽外，左手拇指可离开锯条，扶正锯弓逐渐使锯痕向后（向前）成为水平，然后往下正常锯削。正常锯削时应尽量使锯条的全部有效齿在每次行程中都参加锯削，以减少局部锯齿的磨损。

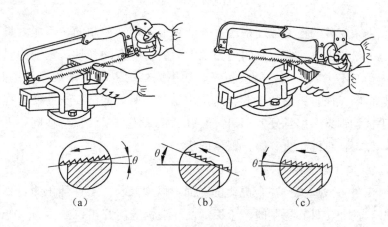

图5－4　起锯的方法
(a) 远起锯；(b) 起锯角过大；(c) 近起锯

如图5－4所示，无论采用哪一种起锯方法，起锯角度θ都要小，

一般 θ 在 15°左右，如果起锯角度太大，则起锯不易平稳，锯齿容易被棱边卡住，而引起崩齿，尤其是在近起锯时。但起锯角度也不易过小，否则，因为同时与工件接触的齿数多而不易切入材料，锯条还可能打滑而使锯缝发生偏离，在工件表面锯出许多锯痕，影响表面适量。

（三）锯削姿势及要领

1. 握锯的方法

手锯的握法如图 5-5 所示，右手满握锯弓手柄，大拇指压在食指上。左手控制锯弓方向，大拇指在弓背上，食指、无名指扶在锯弓前端。

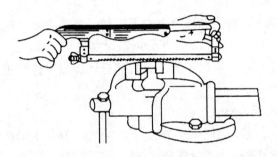

图 5-5　双手握锯的方法

2. 锯削姿势

锯削时站位，身体摆动姿势与锉削基本相似，摆动要自然。

3. 锯削的动作

如图 5-6 所示，锯削开始时，右腿站稳伸直，左脚略有弯曲，身体向前倾斜 10°左右，保持自然，重心落在左脚上，双手握正手锯，左臂略弯曲，右臂尽量向后放，与锯削的方向保持平行。向前锯削时，身体和手锯一起向前运动，此时，左脚向前弯曲，右脚伸直向前倾，重心落在左脚上。当手锯继续向前推进时，身体倾斜角度也随之增大，左右手臂均向前伸出，当手锯推进至 3/4 行程时，身体停止前进，两臂继续推进手锯向前运动，身体随着锯削的反作用力，重心后移，退回到 15°左右。锯削行程结束后，取消压力将手和身体恢复到原来的位置，再进行第二次锯削。

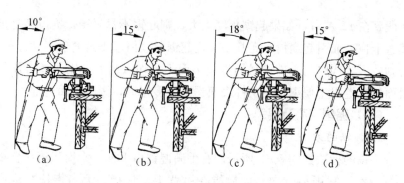

图 5-6　锯削时的动作

4. 锯削压力

锯削运动时，推力和压力由右手控制，左手主要起配合右手扶正锯弓的作用，压力不要过大。手锯向前时要进行切削，故要施加压力，而返回行程不切削，所以不加压力自然返回。当工件将被锯断时，施加压力一定要小。

5. 锯削运动和速度

锯削运动一般采用小幅度的上下摆动式，就是手锯推进时，身体略向前倾，双手随着压向手锯的同时，左手上翘，右手下压，回程时右手上抬、左手自然跟回。对锯缝底面要求平直锯割，锯弓必须采用直线运动。锯割时的运动速度一般为 40 次/min，锯削较软的工件可以快些，而锯削较硬的材料时，必须慢些。速度过慢，影响了锯削的效率，速度过快，锯条因磨损温度较高，锯齿容易磨损，必要时可加乳化液或机油进行冷却润滑，以减轻锯条的磨损。锯削行程应保持匀速，返回时速度相对快些。

第二节　各种材料的锯削方法及常见问题

一、棒料的锯削

如图 5-7 所示，如果锯削的断面要求平整，则应从开始到结束连续锯。若锯出的断面要求不高，可分几个方向锯削，这样，由于锯割的面变小而容易锯下，可提高工作效率。

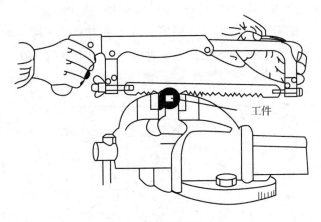

图 5-7 棒料的锯削方法

二、管子的锯削

如图 5-8 所示，锯削薄壁管子和精加工的管子时，应夹在带有 V 形槽的两木板之间，以防管材夹扁或夹坏表面。

锯削薄壁管子时不可在一个方向从开始连续锯削至结束，否则锯齿容易被管壁钩住而崩裂。正确的锯削方法是先从一个方向锯削到管子内壁处，然后把管子向推锯方向转过一定角度，仍旧锯到管子内壁处，如此不断改变方向，直到锯断为止。

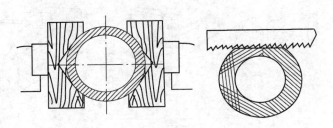

图 5-8 管子的夹持和锯削方法

三、薄板的锯削

如图 5-9 所示，薄板材料锯削时尽可能从宽面上锯下去，由于板料截面小，锯齿容易被钩住和崩齿，可用两块木板夹持一起锯下去，这样，避免崩齿和减少振动。另一种方法，是把薄板夹在台虎钳上，用手锯横向斜推锯，使薄板料与锯齿的接触面增大，避免锯齿崩裂。

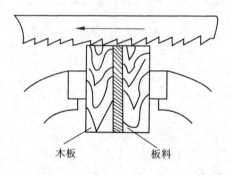

木板　　　　板料

图 5-9　薄板料的锯削方法

四、深缝锯割

如图 5-10 所示，当正常安装的锯条一直锯到锯弓碰到工件为止，再将锯条转过 90°安装，使锯弓转到工件的侧面，或将锯弓转过 180°，锯条装夹成锯齿朝向锯缝内进行锯割。

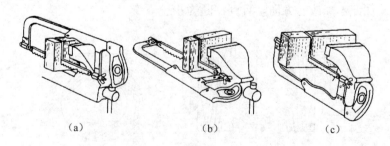

（a）　　　　　　　　（b）　　　　　　　　（c）

图 5-10　深缝锯削的方法
（a）正常锯削；（b）转 90°锯削；（c）转 180°锯削

五、型钢的锯割

型钢的锯割应从宽面进行锯割，这样锯缝较长，参加锯削的锯齿也多，锯削的往复次数少，锯齿不易被钩住而崩断。角铁在锯好一个面后，将其转过一下方向再锯。这样才能得到比较平整的断面，锯齿也不易被钩住。槽钢的锯削方法与锯削角铁相似，如图 5 - 11 所示。

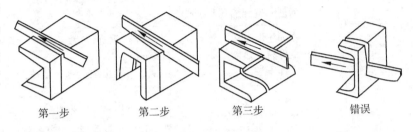

第一步   第二步   第三步   错误

图 5 - 11 槽钢锯削的方法

六、锯削时常见的问题分析和安全操作

锯削过程中常见的质量问题及产生原因见表 5 - 2。

表 5 - 2 锯削过程中常见的质量问题及产生原因

锯条损坏及质量问题	产生原因	防止方法
锯条折断	（1）锯条装得太紧或太松 （2）新换锯条在旧锯缝中被卡住而折断 （3）锯缝歪斜，强行纠正 （4）锯割压力太大，或突然加大压力 （5）工件未夹紧，锯削时松动 （6）锯削工件时，锯条与台虎钳等硬物相撞	（1）旋翼形螺母时，用两指施压，直至旋不动 （2）改变方向锯削或在旧锯缝中减慢速度，小心锯割 （3）不强行纠锯 （4）平稳锯削 （5）夹紧工件 （6）注意工件锯断的情况

锯条损坏及质量问题	产生原因	防止方法
锯齿崩裂	（1）锯齿粗细选择不当 （2）起锯角太大，起锯用力过猛 （3）锯薄管子或薄板方法不当 （4）锯条装夹过紧 （5）锯削时碰到缩孔和杂质	（1）正确选择锯齿 （2）正确起锯，起锯角为 $10°\sim15°$ （3）正确采用锯薄料方法 （4）稍放松锯条
锯齿磨损快	（1）锯削速度过快 （2）工件材料过硬 （3）冷却不够	（1）锯削速度为 $20\sim60$ 次/min （2）采用细齿锯条或改用其他方法加工 （3）正确使用切屑液
尺寸锯小	（1）划线不正确 （2）锯缝歪斜过多，偏离划线范围	（1）粉笔涂掉，重新划线 （2）小心操作掌握好技能
锯缝歪斜，超差	（1）安装工件时，锯缝线与钳口不平行 （2）锯条的安装太松或扭曲 （3）使用锯齿两面磨损不均匀的锯条 （4）锯削时压力过大，锯条左右摇摆 （5）锯弓不正或用力歪斜，使锯条偏离锯缝中心	（1）重新装夹 （2）调整好锯条再锯 （3）换锯条 （4）平稳锯削，压力适当 （5）重新调整，用力恰当
工件变形或夹坏	（1）夹持工件位置不适当，锯削时变形 （2）未采用钳口保护而把工件夹伤 （3）夹紧力太大把工件夹坏	（1）重新调整 （2）采用辅助衬垫 （3）夹紧力恰当
表面拉毛	起锯的方法不对，用力不稳，锯条滑出拉毛	采用正确的起锯方法

课题 6

锉 削

　　用锉刀对工件表面进行切削加工，使其尺寸、形状、位置和表面粗糙度等都达到要求，这种加工方法叫锉削。锉削加工的精确度可达到 0.01 mm，表面粗糙度值可达到 $Ra0.8\ \mu\mathrm{m}$。锉削可以加工工件的内外平面、内外曲面，内外角，沟槽和各种复杂形状的表面，在现代化的生产条件下，有些不便于机械加工的场合，仍需要锉削来完成。例如装配中对个别零件的修整、修理；小批量生产时某些复杂形状零件加工；样板、模具的加工等。所以锉削仍是钳工的一项重要基本操作，锉削技能的高低，往往是衡量一个钳工技能水平高低的重要标志。

第一节　锉　　刀

一、锉刀的构造

锉刀是锉削的主要工具，锉刀用高碳工具钢 T13 或 T12 等材料制成，经加热处理后，工作部分的硬度可达到 62 HRC 以上。目前锉刀已经标准化，其各个部分名称如图 6-1 所示。

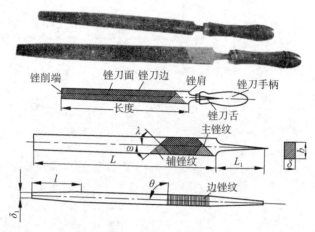

图 6-1 锉刀的构造

（1）锉身。锉身是指锉削前端到锉肩之间所包含的部分（图 6-1 中长 L 部分）

（2）锉刀面。锉刀面是锉刀的主要工作面，梢部（图 6-1 中 l 部分）做成弧形，锉削时能够抵消部分两手上下摆动而产生的表面中凸现象，使工件锉平。

（3）锉刀边。锉刀边即锉刀的两个侧面，其中没有锉纹的侧面称为光边，在锉内直角时，用他靠在内直角的一个面上去锉削另一个面，可使不加工的表面免受损坏，另一个边有齿，用来锉削工件表面的氧化皮。

（4）锉刀舌。锉刀舌指锉身以外的部分，用以装入木柄内，便于握持并传递推力。由于锉刀舌是非切削部分，要求强度不得高于 38 HRC。

（5）锉刀手柄。为了握住锉刀和用力方便，锉刀必须装上手柄，锉刀手柄一般用硬木或塑料制成，圆柱部分应镶铁箍，其安装孔的深度和直径以能够锉柄长的 3/4 插下柄孔为宜。手柄表面不得有毛刺，裂纹，涂漆均匀，手感舒适。

（6）主锉纹。在锉刀工作面上起主要锉削作用的锉纹叫做主锉纹，主锉纹齿纹较深。

（7）辅锉纹。主锉纹覆盖的锉纹为辅锉纹，辅锉纹的齿纹线较浅。

（8）主锉纹斜角（λ）。主锉纹与锉身轴的最小夹角。

（9）辅锉纹斜角（ω）。辅锉纹与锉身轴线的最小夹角。

二、锉齿和锉纹

锉刀有无数个锉齿，锉削时每个锉齿相当于一把錾子对金属材料进行切削。锉纹是锉齿有规则排列的图案，锉刀的齿纹有单齿纹和双齿纹两种，锉刀的锉齿由铣齿法铣成或剁锉机剁成。

（1）单齿纹锉刀，如图 6-2（a）所示。指锉刀上只有一个方向上的齿纹，锉削时全齿宽同时参加切削，切削力大，因此常用来锉削软材料。

（2）双齿纹锉刀，如图 6-2（b）所示。指锉刀上有两个方向排列的齿纹，齿纹浅的叫底齿纹，齿纹深的叫面齿纹。底齿纹和面齿纹的方向和角度不一样，锉削时能使每一个齿的锉痕交错而不重叠，使锉削表面粗糙度值小。

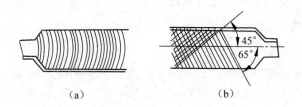

（a）   （b）

图 6-2 锉刀的齿纹

（a）单齿纹锉刀；（b）双齿纹锉刀

采用双齿纹锉刀锉削时，锉屑是碎断的，切削力小，再加上锉齿强度高，所以适用于硬材料的锉削。

三、锉刀的种类

一般钳工所用的锉刀按其用途不同，可分为普通钳工锉、异形锉和整形锉三类。

（一）普通钳工锉

普通钳工锉按其断面形状不同，可分为半圆锉、平锉（大小板锉）、圆锉、三角锉和方锉五种，如图6-3所示。

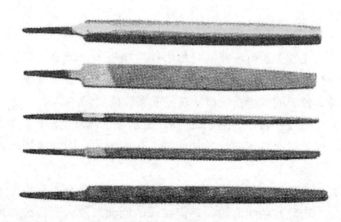

图6-3　普通钳工锉

（二）异形锉

异形锉是用来锉削工件特殊表面用的，有刀口锉、菱形锉、扁三角锉、椭圆锉、圆肚锉等，如图6-4所示。

（三）整形锉

整形锉又称什棉锉，主要用于修理工件上的细小部分，通常以多把为一组，因分组配备多种断面形状的小锉而得名，每套一般为5支、8支和12支，如图6-5所示。

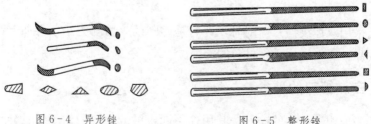

图6-4　异形锉　　　　　图6-5　整形锉

四、锉刀的规格及选用

（一）锉刀的规格

锉刀的规格分尺寸规格和锉齿的粗细规格，不同的锉刀尺寸规格用不同的参数表示。方锉的尺寸规格以方形尺寸表示，圆形的尺寸规格以直径表示，其他锉刀则以锉身长度表示其尺寸规格。钳工常用锉刀锉身长度有 100 mm，125 mm，150 mm，200 mm，250 mm，300 mm，350 mm 等几种。

锉刀纹的粗细规格，以锉刀每 10 mm 轴向长度内主锉纹参数来表示，见表 6-1 所示。主锉纹指锉刀上两个方向排列的深浅不同的齿纹中，起主要锉削作用的齿纹，起分屑作用的另一个方向的齿纹称为辅齿纹。表中 1 号锉纹为粗齿锉刀，2 号锉纹为中齿锉刀，3 号锉纹为细齿锉刀，4 号锉纹为双细齿锉刀，5 号锉纹为油光锉。

表 6-1 锉刀齿纹粗细规格

规格 mm	主要锉纹条数（10 mm 内）锉纹号						
	1	2	3	4	5		
100	14	20	28	40	56	为主锉纹条数的 75%～95%	为主锉纹条数的 100%～120%
125	12	18	25	36	50		
150	11	16	22	32	45		
200	10	14	20	28	40		
250	9	12	18	25	36		
300	8	11	16	22	32		
350	7	10	14	20			
400	6	9	12	—			
450	5.5	8	11				
公差	±5%（其公差值不是 0.5 条时可圆整为 0.5 条）					±8%	±20%

注：扁锉可制成二面边纹，一面边纹或不制边纹。三角锉，半圆锉可制边纹。

（二）锉刀的选择

1. 选择锉刀的形状

如图6-6所示，锉刀断面形状的选择，应根据工件加工表面的形状来选择。锉内圆弧面选用圆锉或半圆锉；锉内角表面选用三角锉；锉内直角表面用扁锉或方锉等。

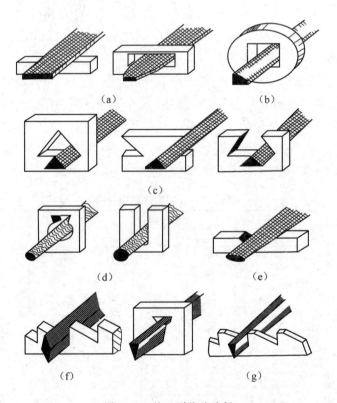

图6-6 锉刀形状的选择

（a）板锉；（b）方锉；（c）三角锉；（d）圆锉；（e）半圆锉；（f）菱形锉；（g）刀口锉

2. 锉齿粗细的选择

锉刀的粗细规格选择，应根据工件加工余量的多少，加工精度和表面粗糙度要求的高低，工件的材质来选择。一般材料软、余量大、精度和粗糙度要求低的工件选用粗齿，反之选用细齿，见表6-2所示。

表 6 - 2　锉刀锉齿的粗细选用

锉刀齿纹	号数	齿纹齿距 /mm	齿数 /mm	适用场合		
				锉刀余量 /mm	尺寸精度 /mm	表面粗糙度 /mm
粗齿	1 号	0.8~2.3	4.5~12	0.5~1	0.2~0.5	50~12.5
中锉	2 号	0.42~0.77	13~24	0.2~0.5	0.05~0.20	6.3~3.2
细锉	3 号	0.25~0.33	30~40	0.02~0.05	0.02~0.05	6.3~1.6
双细齿锉	4 号	0.2~0.25	40~50	0.03~0.05	0.01~0.02	3.2~0.8
油光锉	5 号	0.16~0.2	50~63	0.03 以下	0.01	0.8~0.4

3. 锉刀锉纹的选择

锉削有色金属等软材料，应选用单齿纹锉刀或粗齿锉刀，防止切屑堵塞；锉削钢铁等硬材料时，应选用双齿纹锉刀或细齿锉刀。

五、锉刀柄的装拆

普通锉刀必须装上木柄后才能使用。锉刀柄安装前应先检查其头上铁箍是否脱落，防止锉刀舌插入后松动或刀柄裂开。

安装前先加箍，然后用左手挟住柄，右手将锉刀挟正，用手锤轻轻击打直至插刀木柄长度的 3/4 为止，图 6 - 7（a）所示。拆卸手柄可以在台虎钳上进行，见图 6 - 7（c），也可在工作台边轻轻撞击，将木柄敲松后取下。

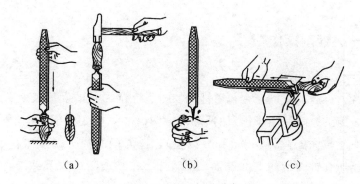

（a）　　　　　　　　　（b）　　　　　　　　　（c）

图 6 - 7　锉刀柄的装卸

（a）装锉刀柄；（b）应注意的问题；（c）拆锉刀柄

六、锉刀的正确使用和保养

合理使用和保养锉刀，可以提高锉刀的使用时间和切削效率。因此，使用时注意以下几点：

（1）锉刀放置时避免与其他金属硬物相碰，也不能堆叠，避免损伤锉纹。

（2）不能用锉刀来锉削毛坯的硬皮或氧化皮以及碎硬的工件表面，而应用其他工具或锉刀的锉梢端、锉刀的边齿来加工。

（3）锉削时应先使用一面，用钝后再用另一面，否则会因锉刀面容易锈蚀，而缩短使用期限。另外，锉削加工过程中要充分使用锉刀的有效工作长度，避免局部磨损。

（4）在锉削过程中，及时消除锉纹中嵌入的切屑，以免刮伤工件表面，锉刀用完后，应用钢丝刷刷去锉齿中残留切屑，以免生锈。

（5）防止锉刀沾水，沾油，以防锈蚀或使用时打滑。

（6）不能把锉刀当作装拆、敲击或撬物的工具，防止锉刀折断。

（7）使用整形锉时，用力不能过猛，以免折断锉刀。

第二节　锉削姿势和锉削方法

一、锉削操作

（一）锉刀的握法

锉刀握法的正确与否，对锉削质量、锉削力量的发挥及疲劳程度都有一定的影响。由于锉刀的形状和大小不同，锉刀的握法也不同。

对于较大的锉刀（250 mm 以上），锉刀柄的圆头端顶在右手心，大拇指压在锉刀柄的上部位置，自然伸直，其余四指向手心弯曲紧握锉刀柄。左手放在锉刀的另一端，当使用长锉刀，且锉削余量较大时，用左手掌压在锉刀的另一端部，四指自然向下弯，用中指和无名指握住锉刀,协同右手引导锉刀,使锉刀平直运行。

而对于中、小型锉刀,由于其尺寸较小,锉刀本身的强度较低,锉削加工时所施加的压力和推力应小于大锉刀,常见的握法如图 6-8 所示。

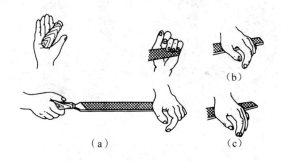

图 6-8　锉削时手的握法

(a) 较大锉刀的握法;(b) 左手握法一;(c) 左手握法二

(二)工件的正确装夹

(1)工件尽量夹持在台虎钳钳口宽度方向的中间。锉削面靠近钳口,以防止锉削时工件产生振动,特别是薄形工件。

(2)装夹工件要稳固,但用力不可太大,以防工件变形。

(3)装夹已加工表面和精密的工件时,应在台虎钳钳口衬上纯铜皮或铝皮等软的衬垫,以防止夹坏表面。

(三)锉削姿势及动作

锉削时的站立位置和姿势如图 6-9 所示,锉削动作如图 6-10 所示。锉削加工时,两手握住锉刀放在工件上面,左臂弯曲,小臂与工件锉削面的左右方向保持基本平行,右小臂要与工件锉削面的前后方向保持基本平行,但要自然;锉削行程中,身体先于锉刀,右脚伸直并稍向前倾,重心在左脚,左膝部呈弯曲状态;当锉刀锉至约四分之三行程时,身体停止前进,两臂继续将锉刀向前锉到头,同时,左腿自然伸直并随着锉削时的反作用力,将身体恢复原位,并顺势将锉刀收回;当锉刀收回将近结束,身体又开始先于锉刀前倾,作第二次锉削的向前运动。

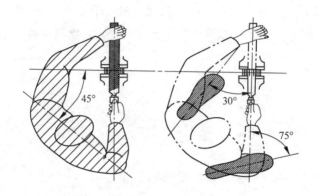

图 6-9 锉削时的站立姿势

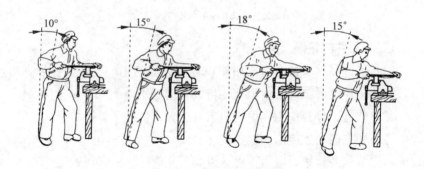

图 6-10 锉削时的动作

（四）锉削时两手的用力和锉削速度

锉削时，锉刀推进的推力大小由右手控制，而压力的大小由两手同时控制。为了保持锉刀直线的锉削运动，必须满足以下条件：

锉削的速度，要根据加工工件大小，被加工工件的软硬程度以及锉刀规格等具体情况而定。一般应在 40 次/min 左右，太快，容易造成操作疲劳和锉齿的快速磨损；太慢，效率低。如图 6-11 所示，锉削过程中，推出时速度稍慢，回程时稍快，且不加压力，以减少锉齿的磨损，动作要自然。

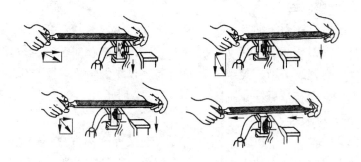

图 6-11 锉削时的用力方法

二、锉削时的文明生产和安全注意事项

（1）锉刀是右手工具，应放在台虎钳的右面，放在钳台上时锉刀柄不可露在钳桌外面，以防落在地上砸伤脚或损坏锉刀。

（2）没有装柄或柄已裂开的锉刀或没有加柄箍的锉刀不可使用。

（3）锉削时锉刀柄不能撞击到工件，以免锉刀柄脱落而刺伤手。

（4）不能用嘴吹铁屑，以防切屑飞入眼中，也不能用手清除切屑，以防扎伤手，同时由于手上有油污，不可用手摸锉削面，否则会使锉削时锉刀打滑而造成事故。

（5）锉刀不可以作撬棒或手锤使用。

第三节　平面锉削

一、平面锉削的方法

（一）普通锉削法

锉削时向前推压，后拉时稍把锉刀提起并沿工件横向移动，锉刀的运动方向是单向的，锉削速度快，但不易锉平，要求操作者有较好的基本功，一般用于较大工作面的粗加工、封闭面或半封闭面的锉削。

（二）顺向锉

锉削时，锉刀运动方向与工作夹持方向始终一致，在每锉完一次返回时，锉刀横向适当移动，再做下一次锉削。顺向锉的锉纹整齐一致，且具有锉纹清晰、美观和表面粗糙度较小的特点，主要适用于面积不大的平面和最后锉光阶段，如图 6 - 12 所示。

（三）交叉锉

交叉锉是从两个以上不同方向交替交叉锉削的方法。锉削时，锉刀运动方向与工件夹持方向成 30°～40°角。它具有锉削平面度好的特点，但表面粗糙度稍差，且锉纹交叉。锉刀与工件的接触面较大时，锉刀易掌握平稳；从锉痕上可以判断出锉削面高低情况，便于不断地修正锉削部位，如图 6 - 13 所示。交叉锉一般适用于粗锉，精锉时必须采用顺向锉以使纹理一致。

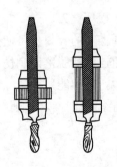

图 6 - 12　顺向锉削

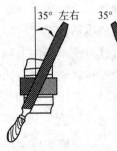

图 6 - 13　交叉锉削

二、锉平面的练习要领

用锉刀锉平面的技能技巧必须通过反复的、多样性的刻苦练习才能形成，而掌握要领的练习，可加快技巧的掌握。

（1）掌握好正确的姿势和动作。

（2）做到锉削力的正确和熟练运用，使锉削时保持锉刀的直线平衡运动，因此在操作时注意力要集中，练习过程中要用心研究。

（3）练习前了解几种造成锉面不平的具体因素（如表 6-3 所示），便于练习中分析改进。

表 6-3　平面不平的形式和原因

形式	产生的原因
平面中凸	（1）锉削时双手的用力不能使锉刀保持平衡 （2）锉刀开始推出时，右手压力太大，锉刀被压下，锉刀推到前面，左手压力太大，锉刀被压下，形成前、后面多锉 （3）锉削姿势不正确 （4）锉刀本身中凹
对角扭曲或塌角	（1）左手或右手施加压力的中心偏在锉刀的一侧 （2）工件未夹持正确 （3）锉刀本身扭曲
平面横向中凸或中凹	锉刀在锉削时左右移动不均匀

三、平面锉削时常用的量具和使用方法

（一）刀口形直尺及平面度的检测

1. 刀口直尺的结构

刀口直尺是用透光法来检测平面零件直线度和平面度的常用量具，其结构如图 6-14 所示。刀口直尺有 0 级和 1 级精度两种，常用的规格有 75 mm、125 mm、175 mm 等。

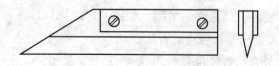

图 6-14　刀口直尺的结构

2. 平面度的检测方法

通常采用刀口直尺通过透光法来检查锉削面的平面度，如图

6-15（a）所示。在工件检测面上，迎着亮光，观察刀口直尺与工件表面间的缝隙，若较均匀，微弱的光线通过，则平面平直。平面度误差值的确定，可在平板上用塞尺塞入检查（见图6-15（e）所示）。如图6-15（b）所示，若两端光线极微弱，中间光线很强，则工件表面中间凹，误差值取检测部位中的最大直线度误差值计。

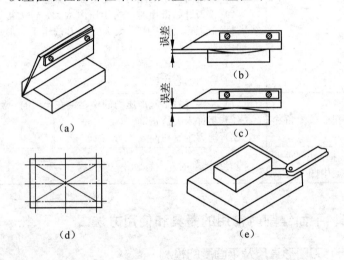

图6-15　直线度、平面度的检查方法

如图6-15（c）所示，若中间光线极弱，两端处光线较强，则工件表面中间凸，其误差值应取两端检测部位中最大直线度的误差值计，检测有一定的宽度的平面度时，要使其检查位置合理、全面，通常采用"米"字形逐一检测整个平面，如图6-15（d），另外，也可以采用在标准平板上用塞尺检查的方法。

3. 刀口型直尺的使用要点

刀口直尺的工作刃口极易碰损，使用和存放要特别小心。欲改变工件检测表面位置时，一定要抬起刀口直尺，使其离开工件表面，然后移到其他位置轻轻放下，严禁在工件表面上推拉移位，以免损伤精度。使用时手握持隔热板，以免体温影响测量和直接握持金属表面后清洗不净产生锈蚀。

（二）塞尺及其使用方法

塞尺又叫厚薄规，是用来检验两个结合面之间间隙大小的片状量规。塞尺有两个平行的测量平面，其长度制成 50 mm，100 mm 和 200 mm。由若干片叠合在夹板里，使用时根据间隙的大小，可用一片或数片重叠在一起插入间隙内。塞尺片有的很薄，容易弯曲和折断，测量时用力不能太大，不能测量温度较高的工件，用完后要擦拭干净，及时合到夹板中去。

（三）90°角尺及垂直度的检测

1. 90°角尺的结构应用

角尺主要用于检验90°直角，测量垂直度误差，也可当作直尺测量直线度、平面度。主要用来检查机床仪器的精度、划线、测量工件垂直度和直线度等。常用的有刀口角尺和宽座角尺两种。

2. 垂直度的检测方法

测量垂直度前，先用锉刀将工件的锐边去毛刺、倒钝，如图6-16所示。测量时，先将角尺的测量面紧贴工件基准面，逐步从上向下轻轻移动至角尺的测量面与工件被测量面接触，眼光平视观察其透光情况。检测时角尺不可斜放，否则得不到正确的测量结果。

（四）外卡钳测量

外卡钳是一种间接量具，用作测量尺寸时，应先在工件上度量，再在带读数的量具上度量出必要的尺寸后，才能去量工件。

1. 测量方法

当工件误差较大作粗测量时，可用透光法来判断其尺寸差值的大小。测量的外卡钳一卡脚测量面要始终抵住工件基准面，观察另一卡脚测量面与被测表面的透光情况，当工件误差较小时，可利用外卡钳的自重由上向下垂直测

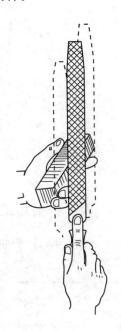

图 6-16　锐边倒钝

量，以便于控制测量力。外卡钳测量面的长度尺寸，应保证在测量时靠外卡钳自重通过工件，但应有一定的摩擦。两卡脚的测量面与工件的接触要正确，使卡脚处于测量时感觉最松的位置。

2. 尺寸调节

如图 6-17 所示，外卡钳在钢直尺上量取尺寸时，一个卡脚的测量面要紧靠刚直尺的端面，另一个卡脚的测量面调节到所取尺寸的刻线且两测量面的连线应与钢直尺边平行，视线要垂直于钢直尺的刻线面。外卡钳在标准量规上量取尺寸时，应调节到外卡钳在稍有摩擦感觉的情况下通过。

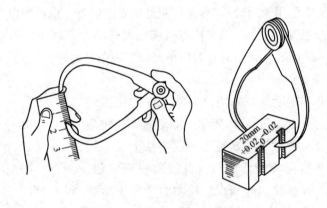

图 6-17　外卡钳测量尺寸的量取

四、锉削加工中出现废品的原因及预防方法

锉削废品分析如表 6-4 所示。

表 6-4　锉削废品分析

形式	产生原因	预防方法
工件夹坏	（1）已加工的表面被台虎钳口夹出伤痕 （2）夹紧力太大，使空心工件被夹扁	（1）夹持精加工的表面应用软钳口 （2）夹紧力要适当，夹持应用 V 形块或弧形木块

续表

形式	产生原因	预防方法
尺寸太小	（1）划线不正确 （2）未及时检测尺寸	（1）按图正确划线，并校对 （2）经常测量做到心中有数
平面不平	（1）锉削姿势不正确，用力不当 （2）锉刀中凹，而使平面中间高	（1）加强锉削技能训练 （2）正确选用锉刀
表面粗糙不光洁	（1）精加工时仍用粗齿锉刀锉削 （2）粗锉时锉痕太深，以致精锉无法去除。 （3）切屑嵌在锉齿中未及时清除而将表面拉毛	（1）合理选用锉刀 （2）适当多留精锉余量 （3）及时去除切屑
不应锉的部位被锉掉	（1）锉直角时未用光边锉刀 （2）锉刀打滑而锉坏相邻面	（1）选用光边锉刀 （2）注意清除油污，避免锉刀打滑

一、平面锉削加工

（一）长方体的锉削加工图（如图 6 - 18 所示）

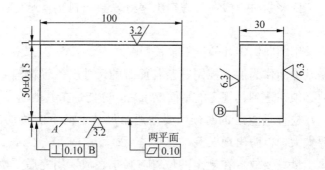

图 6 - 18　长方体工件的加工图

（二）操作过程

（1）检查来料尺寸是否符合加工要求，并选好粗基准面 A。

（2）粗、精锉在第 1 面（基准面 A），达到平面度 $0.1\ \text{mm}$ 和表面粗糙度 $Ra \leqslant 3.2\ \mu\text{m}$ 的要求。

（3）粗、精锉第 2 面（基准面的对面），达到（50±0.15）mm 尺寸要求及平面度、平行度、粗糙度等要求。

（4）粗、精锉第 3 面（基准面 B），达到平面度、垂直度及粗糙度等要求。

（5）粗、精锉第 4 面（基准面 B 的对面），达到尺寸 30 mm，平面度、垂直度及粗糙度等要求。

（6）粗、精锉第 5 面（基准面 A 的左邻面），达到平面度、垂直度及粗糙度等要求。

（7）粗、精锉第 6 面（基准面 A 的右邻面），达到尺寸 100 mm，平面度、垂直度及粗糙度要求。

（8）全部精度复查，并做必要的修整锉削，最后将各锐边倒钝去毛刺。

（三）注意事项

（1）锉削是钳工的一种重要基本操作，初学时首先要做到姿势正确。

（2）注意掌握两手用力，使锉刀在工件上保持平衡。

（3）工件夹紧时，要在台虎钳上垫好软金属衬垫，避免工件端面夹伤。

（4）采用顺向锉，并使锉刀全长切削。

（5）基准面作为加工控制其余各面时的尺寸、位置精确度和测量基准，故必须在达到其规定的平面要求后，才能加工其他面。

（6）在检查垂直度的时候，要注意角尺从上向下的移动的速度，压力不要太大，以防出现误差。

（7）工量具要放置在规定的位置，轻拿轻放，用完后要擦净，做到文明生产。

第四节　曲面锉削和角度锉削

曲面锉削包括内、外圆锥面的锉削，球面的锉削以及各种成型面的锉削等，有些曲面件机械加工较为困难，如凹凸曲面模具，曲面样板以及凸轮轮廓曲面等的加工和修整，必须用曲面锉削来增加工件的外形美观。

一、曲面锉削的方法

（一）锉削外圆弧

锉削外圆弧所用的锉刀，都为扁锉。锉削时锉刀要同时完成前进运动和锉刀绕工件圆弧中心的转动两个运动。锉削外圆弧面的方法有两种：

1. 顺着圆弧面锉削

如图 6-19（a）所示，锉削时，锉刀向前，右手下压，左手随着上抬，这种方法能使圆弧面锉削的光洁圆滑，但锉削位置不易掌握且效率不高，故适用于精锉圆弧面。

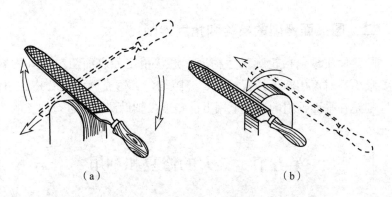

（a）　　　　　　　　　　（b）

图 6-19　外圆弧锉削方法
（a）顺向锉；（b）横向锉

2. 横着圆弧面锉削

如图 6-19（b）所示，锉削时，锉刀作直线运动，同时锉刀不断随圆弧面摆动，这种方法锉削效率高且便于按划线均匀锉近弧线，但只能锉成近似圆弧面的多棱形面，故适用于圆弧面的粗加工。

（二）锉削内圆弧面的方法

锉削内圆弧面时，锉刀可选用圆锉、半圆锉、方锉（圆弧半径较大时）。如图 6 - 20 所示，锉削时，锉刀同时完成三个运动：前进运动；随圆弧面向左或向右移动；绕锉刀中心线转动。三个运动要协调配合，才能保证锉出的弧面光滑、准确。

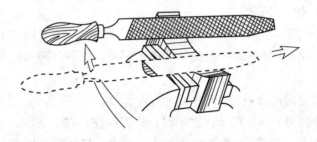

图 6 - 20　内圆弧锉削方法

二、圆弧面锉削的检验和角度锉削

圆弧面质量包括轮廓尺寸精度、形状精度和表面粗糙度等内容。当要求不高时可用圆弧样板检查，缝隙均匀、透光微弱则合格。角度的锉削是在平面锉削的基础上用万能角度尺辅助测量来进行加工的。

第五节　锉刀的修复和利用

锉刀长时间使用后会磨损或变钝，如果不能合理有效地修复和利用，那么将会造成很大的浪费，另外有些特殊场合需要用旧锉刀改进后进行使用。

一、弯曲

1. 程序和要求

（1）将锉刀退火弯曲成型。

（2）淬火至原锉刀硬度。

2. 用途

如图 6-21（a）所示，用于锉削凹陷部分的平面、弧面、圆角等。

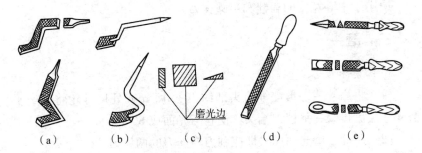

（a）　　　　　（b）　　　　（c）　　　　（d）　　　　（e）

图 6-21　锉刀的修复利用

（a）弯曲；（b）焊接；（c）磨边；（d）磨头；（e）改磨刮刀

3. 适用范围

（1）可用废旧锉刀煨制

（2）适用于各种不同大小和截面形状的锉刀。

（3）锉刀退火时注意不要碰坏和灼伤锉齿。

4. 程序和要求

（1）准备一块废旧锉刀片和合适的钢棍，用砂轮修磨成需要的大小和形状。

（2）用电焊快速焊接，焊完后立即投入水中冷却，即淬火。

5. 用途

如图 6-21（b）所示，用于锉削凹陷部分的平面、弧面、圆角等。

二、磨边

1. 程序和要求

将扁锉、方锉、刀形锉的其中一边或一个面用砂轮磨平、磨直、修光。

2. 用途

如图 6-21 (c) 所示，用于锉削有倾角的直线或锐角工件。

3. 适用范围

适用于中等宽度的扁锉和半圆锉刀。

三、磨头

1. 程序和要求

（1）将扁锉或刀形锉等的头部约 10～15 mm 处用砂轮将齿磨平、磨光，然后再磨一下锉刀端头，使它与光面成 80°角。

（2）用油石磨光两面，即成刮刀与锉刀的两用刀。

2. 用途

如图 6-21 (d) 所示，用于锉削或刮削平面、弧面。

3. 适用范围

适用于中等宽度的扁锉和半圆锉刀。

四、改磨刮刀

1. 程序与要求

（1）取一废旧锉刀（三角锉、扁锉）。

（2）在砂轮上磨削成不同刀头形状的刮刀。

2. 用途

如图 6-21 (e) 所示，适用于刮削平面或圆弧面的工件。

3. 适用范围

（1）根据需要，大小锉刀均可利用。

（2）在砂轮上磨时，应不断沾水冷却，以免锉刀退火。

课题 7

孔 加 工

孔是工件上经常出现的加工表面，选择适当的方法对孔进行加工是钳工重要的工作之一。本课题主要研究钻孔、扩孔、铰孔、锪孔的方法，钻头的刃磨，钻削用量，铰削用量，钻孔的安全文明生产知识。

第一节　钻　　孔

用钻头在实体材料上加工出孔的工作称为钻孔。用钻床钻孔时，工件装夹在钻床工作台上固定不动，钻头装在钻床主轴上随主轴旋转，并沿轴线方向作直线运动。

钻孔时，由于钻头的刚性和精度较差，因此钻孔加工的精度不高，一般为 IT10～IT9，表面粗糙度 Ra 不小于 12.5 μm。常用的钻床有台式钻床、立式钻床、摇臂钻床。

一、标准麻花钻

钻头是钻孔的主要工具，种类较多，有麻花钻、中心钻、扁钻和深孔钻等。麻花钻是钳工最常用的钻头之一。

（一）麻花钻的构成

麻花钻一般用高速钢制成，淬火后 HRC62～68。麻花钻由柄部、颈部和工作部分组成，如图 7-1 所示：

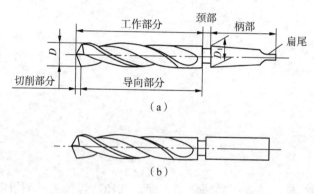

图 7-1　麻花钻的构成

（a）锥柄式；（b）柱柄式

1. 柄部

柄部是麻花钻的夹持部分，用以定心和传递动力，分为锥柄和柱柄两种，一般直径小于 13 mm 的钻头做成直柄，直径大于 13 mm 的做成锥柄。

2. 颈部

颈部是为磨制钻头时砂轮退刀而设计的，钻头的规格、材料和商标一般也刻在颈部。

3. 工作部分

工作部分由切削部分和导向部分组成。

（1）导向部分用来保持麻花钻工作时的正确方向，有两条螺旋槽，作用是形成切削刃及容纳和排除切屑，便于切削液沿着螺旋槽流入。

（2）切削部分主要起切削作用，由六面五刃组成。两个螺旋槽表面就是前刀面，切屑沿其排除；切削部分顶端的两个曲面叫后刀面，它与工件的切削表面相对，钻头的棱带是与已加工表面相对的表面，称为副后刀面；前刀面和后刀面的交线称为主切削刃，两个后刀面的交线称为横刃，前刀面与副后刀面的交线称为副切削刃，如图 7 - 2 所示。

（二）麻花钻的辅助平面

如图 7 - 3 所示为麻花钻头主切削刃上任意一点的基面、切削平面、主截面，三者的位置是相互垂直的。

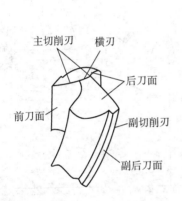

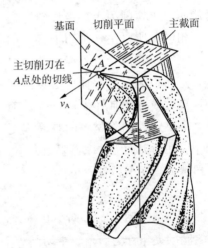

图 7 - 2　麻花钻切削部分构成　　　图 7 - 3　麻花钻的辅助平面

1. 基面

切削刃上任意一点的基面是通过该点，且与该点切削速度方向垂直的平面，麻花钻主切削刃上各点的基面是不同的。

2. 切削平面

主切削刃上任意一点的切削平面就是通过该点且与工件表面相切的平面，即该点切削速度与钻刃构成的表面。

3. 主截面

通过主切削刃上任意一点并垂直于切削平面和基面的平面。

4. 柱截面

通过主切削刃上任意一点作与钻头轴线的平行线，该平行线绕钻头轴线旋转形成的圆柱面的切面。

（三）麻花钻切削部分的几何角度

麻花钻切削部分的几何角度如图 7-4 所示。

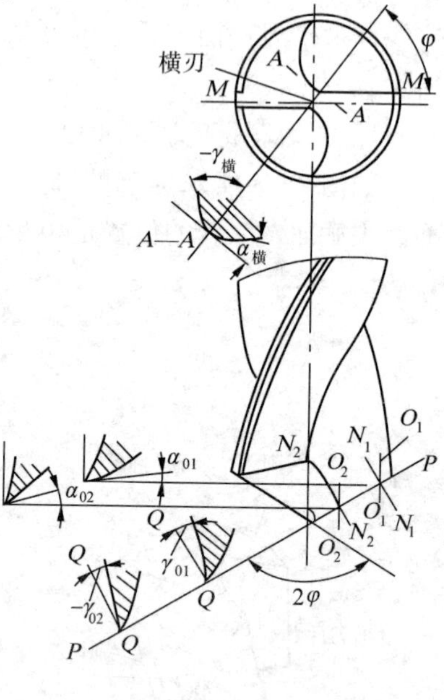

1. 前角（γ_0）

在主截面内，前刀面与基面之间的夹角。标准麻花钻的前刀面为螺旋面，主切削刃上各点倾斜方向均不相同，所以主切削刃上各点的前角大小不相等，近外缘处前角最大，$\gamma_0=30°$，从外缘向中心逐渐减小，接近横刃处前角 $\gamma_0=-30°$。前角大小决定着切除材料的难易程度和切屑在前刀面上的摩擦阻力大小。前角越大，切削越省力。

2. 后角（α_0）

在柱截面内，后刀面与切削平

图 7-4　麻花钻切削部分的几何角度

面之间的夹角称为后角。主切削刃上各点的后角刃磨不等。外缘处后角较小，越接近钻心后角越大。后角主要影响后刀面与切削平面的摩擦和主切削刃的强度。

3. 顶角（2ϕ）

钻头两主切削刃在其平行平面上的投影之间的夹角称为顶角。标准麻花钻的顶角 $2\phi=118°\pm2°$，顶角的大小直接影响到主切削刃上轴向力的大小。顶角大，钻尖强度好，但钻削时轴向阻力大。

4. 横刃斜角（φ）

横刃与主切削刃在钻头端面内的投影之间的夹角。它是在刃磨钻头时自然形成的，其大小与后角、顶角大小有关。标准麻花钻的横刃

斜角 $\varphi = 50° \sim 55°$，靠近横刃处的后角磨得越大，横刃斜角 φ 越小，横刃越锋利，但横刃的长度会增大，钻头不易定心。

（四）标准麻花钻的缺点

通过上述几何角度的分析，可看出标准麻花钻切削部分存在以下缺点：

（1）横刃较长，横刃处前角为负值，切削时，横刃处于挤刮状态，轴向力大。同时因横刃较长，钻削时不易定心，钻头容易产生抖动。

（2）主切削刃上各点前角大小不一样，使切削性能不同。近横刃处前角为负值，处于挤刮状态，致使切削性能差，磨损严重。

（3）钻头的副后角为零，靠近切削部分棱边与孔壁摩擦严重，容易发热和磨损，并影响孔加工的表面质量。

（4）主切削刃缘处刀尖角较小，前角很大，刀齿薄弱，而此处的切削速度最高，产生的切削热最多，磨损严重。

（5）主切削刃长，而且全宽参加切削，各点切屑流出速度相差很大，容易堵塞容屑槽，排屑困难，切削液不易进入切削区。

（五）麻花钻的刃磨

标准麻花钻使用一段时间后，会出现钝化现象，或因使用时温度高而出现退火、崩刃或折断等问题，故需重新刃磨钻头才能使用，如图 7 - 5 所示。

1. 刃磨要求

（1）顶角 2ϕ 为 $118° \pm 2°$。

（2）外缘处的后角 α_0 为 $10° \sim 14°$。

（3）横刃斜角 φ 为 $50° \sim 55°$。

（4）两主切削刃的长度以及和钻头轴心线组成的两角要相等。

（5）两个主后刀面要刃磨光滑。

2. 刃磨步骤

（1）将主切削刃置于水平状态并与砂轮外圆平行。

（2）保持钻头中心线和砂轮外圈面成 φ 角。

（3）右手握住钻头导向部分前端，作为定位支点，刃磨时使钻头绕其轴心线转动，左手握住柄部，作上下扇形摆动，磨出后角，同时，掌握好作用在砂轮上的压力。

（4）左右两手的动作要协调一致，相互配合。一面磨好后，翻转180°刃磨另一面。

（5）在刃磨过程中，主切削刃的顶角、后角和横刃斜角同时磨出。为防止切削部分过热退火，应注意蘸水冷却。

（6）刃磨后的钻头，常用目测法进行检查，也可如图7-6用样板检验。

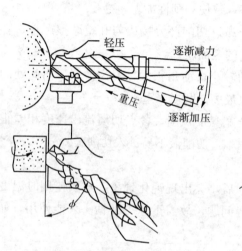

图7-5 麻花钻的刃磨

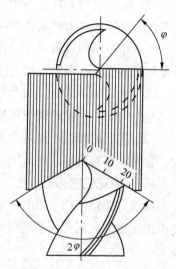

图7-6 麻花钻刃磨后的检验

（六）麻花钻的修磨

由于标准麻花钻存在以上诸多缺点，为了适应不用的钻削状态，达到不同的钻削目的，必须对麻花钻原有的切削刃、边、面进行修改磨削，以提高切削性能。

（1）磨短横刃。增大靠近钻心处的前角，提高定心作用，减小轴向抗力和挤刮现象，将横刃磨短至原长度的1/3～1/5。

（2）修磨主切削刃。磨出双重顶角2ϕ（$2\phi=70°～75°$），增加刀尖强度，改善刀尖处散热条件，增加刀齿强度，从而提高钻孔的表面质量和钻头的耐用度。

（3）修磨前刀面。将主切削刃外缘处前刀面磨去一小块，使其前角减小。钻削硬材料时可提高刀尖的强度；钻削黄铜等软材料时，可以避免"扎刀"现象。

（4）修磨棱边。在靠近主切削刃的一段棱边上，磨出副后角 $\alpha_0 = 6°\sim8°$，并保留棱边宽度为原来的 $1/3\sim1/2$，以减少对孔壁的摩擦，提高钻头寿命。

（5）修磨分屑槽。在两个后刀面上磨出几条相互错开的分屑槽，使切屑变窄、排屑顺利，尤其适用于钻削钢材料。

二、群钻

群钻是利用标准麻花钻合理刃磨而成的高生产率、高加工精度、适应性强、寿命高的新型钻头。

1. 标准群钻

标准群钻（如图 7-7 所示）主要用来钻削碳钢和各种合金钢，其形状特点是有三尖七刃两种槽。三尖是由于在后刀面磨出了月牙槽，使主切削刃形成三个尖；七刃是两条外刃、两条内刃、两条圆弧刃和一条横刃；两种槽是月牙槽和单面分屑槽。

2. 钻薄板的群钻

在薄板上钻孔，因为麻花钻的钻尖较高，当钻头钻穿时，钻头立即失去定心作用，同时轴向力又突然减小，加上工件弹动，使孔不圆或孔口毛边很大，甚至扎刀或折断钻头，钻薄板群钻（如图 7-8 所示）是把麻花钻的两个主切削刃磨成圆弧形切削刃，外缘处磨出两个锋利的刀尖，并将钻尖高度磨低，与外缘两个刀尖仅差 $0.5\sim1.5\ \mathrm{mm}$，形成三尖。

3. 其他群钻

（1）钻铸铁的群钻（如图 7-9 所示），由于铸铁较脆，钻削时切屑呈碎块并夹杂着粉末，挤压在钻头的后刀面、棱边与工件之间，会产生剧烈的摩擦，使钻头磨损，因此须磨出二重顶角。

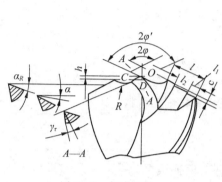

图 7-7 标准群钻   图 7-8 钻薄板群钻

（2）钻青铜或黄铜的群钻（如图 7-10 所示），青铜或黄铜的硬度较低，切削阻力小，用标准麻花钻钻削时，易产生"扎刀"现象。要设法把钻头外缘处的前角磨小，横刃磨短，主副切削刃交接处磨成 0.5～1 mm 的过渡圆弧。

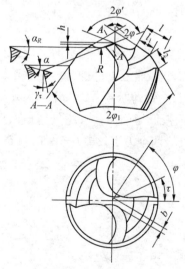

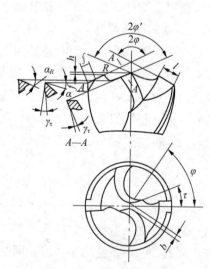

图 7-9 钻铸铁群钻   图 7-10 钻青铜或黄铜群钻

三、钻孔的方法

1. 钻孔时工件的划线

按图纸中有关位置尺寸要求，划出孔的十字中心线和孔的检查线（检查图或检查方框），并在孔的中心位置打好样冲孔眼。

2. 钻孔时工件的装夹

钻孔前一般都需将工件夹紧固定，以防钻孔时工件移动使钻头折断或使孔位偏移。

（1）平口钳装夹主要用于平整工件上钻削较大孔的场合。装夹时，工件应放在垫铁上，防止钻坏平口钳，工件表面与钻头要保持垂直。

（2）V形铁装夹主要用于棒类工件的装夹。装夹时，将工件放在V形铁上，并配用压板压牢，以防止工件在钻孔时转动。

（3）压板装夹主要用于钻大孔或不便使用平口钳夹紧的工件。装夹时，可用压板、螺栓、垫铁直接固定在钻床工件台上进行钻孔。

（4）角铁装夹主要用于各类角钢及型材的钻孔加工。装夹时，由于钻孔时的轴向钻削力作用在角铁安装平面之外，故角铁必须用压板固定在钻床工件台上。

对于小型工件或薄板件钻小孔，可将工件放置定位块上，用手虎钳进行夹持。

3. 钻头装拆

（1）如图 7-11（a）所示，直柄钻头用钻夹头装夹。钻夹头装在钻床主轴下端，用转夹头钥匙转动小锥齿轮时，直柄钻头被夹紧或松开。

（2）如图 7-11（b）所示，锥柄钻头用柄部的莫氏锥体直接与钻床主轴连接。拆卸时，将楔铁插入钻床主轴的长孔中将钻头挤出。

（四）钻削用量

钻削用量的三要素包括切削速度（v）、进给量（f）和切削深度（a_p）。其选用原则是：在保证加工精度和表面粗糙度及保证刀具合理寿命的前提下，尽量先选较大的进给量 f，当 f 受到表面粗糙度和钻

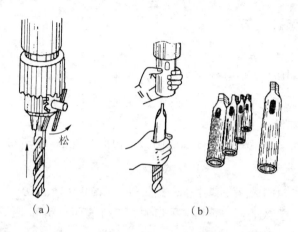

图 7-11　钻头的装拆

(a) 用钻夹头装夹；(b) 钻头拆卸

头刚度的限制时，再考虑较大的切削速度 v。

(1) 切削速度 (v) 指钻削时钻头切削刃上最大直径处的线速度。可由下式计算：

$$v = \frac{\pi Dn}{1\ 000}$$

式中，D 为钻头直径，mm；n 为钻床主轴钻速，r/min。

由上式得 $n = \frac{1\ 000v}{\pi D}$，所以当钻孔直径越大时，转速 n 值越小，反之则转速越高。

(2) 进给量 (f) 是钻头每转一转沿进给方向移动的距离，单位为 mm/r。

(3) 切削深度 (a_p) 指已加工表面和待加工表面之间的垂直距离。钻孔时切削深度等于钻头直径的 1/2，单位是 mm。小于 $\phi30$ 的孔通常一次钻出，切削深度就是钻头的半径；在 $\phi30 \sim \phi80$ mm 的孔可分两次钻出，先用 $(0.5 \sim 0.7)$ D（D 为要求的孔径）的钻头钻底孔，然后用直径为 D 的钻头将孔扩大。切削深度分两次计算。

(五) 切削液的选择

钻头在钻削过程中，由于切屑的变形及钻头与工件摩擦所产生的切削热，严重影响到钻头的切削能力和钻孔精度，甚至使钻头退火或无法钻削。为了使钻头散热冷却，延长使用寿命，提高加工精度，钻削时根据不同的工件材料和不同的加工要求应合理选用切削液（如表7-1所示）。

表 7-1　钻孔用切削液

工件材料	冷却润滑液
各类结构钢	3％～5％乳化液，7％硫化乳化液
不锈钢，耐热钢	3％肥皂水加 2％亚麻油水溶液，硫化切削液
纯铜，黄铜，青铜	不用或 5％～8％乳化液
铸铁	不用或 5％～8％乳化液，煤油
铝合金	不用或 5％～8％乳化液，煤油，煤油与菜油的混合油
有机玻璃	5％～8％乳化液，煤油

（六）起钻及钻孔加工

钻孔时，先使钻头对准钻孔中心起钻出一浅坑，观察钻孔位置是否正确，并要不断校正，使起钻浅坑与划线圆同轴。借正方法：如偏位较少，可在起钻的同时用力将工件向偏位的反方向推移，达到逐步校正；如偏位较多，可在校正方向打上几个中心冲眼或用油槽錾錾出几条槽，以减少此处的钻削阻力，达到校正目的。

当起钻达到钻孔位置要求后，即可按要求完成钻孔。手动进给时，进给用力不应使钻头产生弯曲，以免钻孔轴线歪斜。当孔要钻穿时，必须减少进给量，如果是采用自动进给，此时最好改为手用进给。因为，当钻尖将要钻穿工件材料时，轴向阻力突然减少，由于钻床进给机构的间隙和弹性变形的恢复，将使钻头以很大的进给量自动切入，以致造成钻头折断或钻孔质量降低等现象。

钻不通孔时，可按钻孔深度调整挡块，并通过测量实际尺寸来检查钻孔的深度是否达到要求。钻深孔时，钻头要经常退出排屑，防止因堵屑而折断钻头。钻 ϕ30 mm 以上的大孔，一般分两次进行，第一次用 0.6～0.8 倍孔径钻头，再用所需直径的钻头钻削。钻 ϕ1 mm 以下的小孔时，切削速度可选在 2 000～3 000 r/min 以上，进给力小且平稳，不宜过大过快，防止钻头弯曲和滑移，应经常退出钻头排屑，并加注切削液。

四、钻孔时的注意事项

（1）钻孔前检查钻床的润滑，调速是否良好，工作台面应清洁干净，不准放置刀具、量具等物品。

（2）操作钻床时不可戴手套，袖口必须扎紧，女同志戴好工作帽。

（3）检查工件是否夹紧，开始钻削时，钻钥匙不应插在钻轴上。

（4）钻孔时不应用嘴吹和用手来清除切屑，必经用刷子清除。如果是长切屑，必经用钩子钩去或停车清除。

（5）掌握好手动进给的压力，快钻穿时要减小进给力。

（6）钻床启动状态下，严禁装拆和检验工件。

（7）钻头用钝后须及时刃磨。

（8）清洁钻床或加注润滑油时，必须切断电源。

第二节　扩　　孔

扩孔是用扩孔钻或麻花钻对已加工出的孔进行扩大加工的一种方法。它可以校正孔的轴线偏差，并使其获得正确的几何形状和较小的表面粗糙度，其加工精度一般为 IT10～IT9 级，表面粗糙度为 $Ra6.3～3.2\ \mu m$。因此，扩孔常作为孔的半精加工和铰孔前的预加工。

一、扩孔钻的种类及切削深度计算

（一）扩孔钻的种类

扩孔钻按刀体结构可分整体式和镶片式两种；按装夹方式可分为直柄、锥柄和套式三种（如图 7 - 12 所示）。

（二）切削深度计算

扩孔时的切削深度按下式计算：

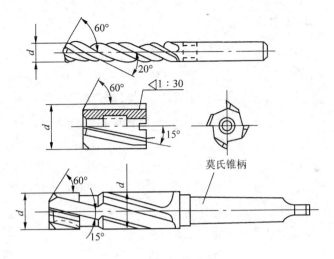

图 7 - 12 扩孔钻的种类

$$a_p = \frac{D-d}{2}$$

式中，D 为扩孔后直径，mm；d 为预加工孔直径，mm。

二、扩孔钻的结构特点

扩孔钻工作部分有 3～4 条螺旋槽，增加了切削的齿数，提高了导向性能。钻芯较粗，加强了扩孔钻的强度和刚度，提高了切削稳定性，改善了扩孔加工的切削条件。由此可见扩孔加工与钻孔相比有以下特点：

（1）由于中心不参加切削，没有横刃，避免了横刃切削引起的不良影响。

（2）切削深度小、切削阻力小，切削条件大大改善。

（3）产生切屑体积小，排屑容易，因而不易擦伤已加工表面。

（4）扩孔钻的钻芯较粗，刚度较好，导向性好，切削平稳，可以增大进给量，提高了刀具的使用寿命、生产效率和孔的加工质量。

三、扩孔方法

（1）实际生产中，一般用麻花钻代替扩孔钻使用，扩孔钻多用于成批大量生产。

（2）钻孔后，在不改变工件和机床主轴互相位置的情况下，立即换上扩孔钻进行扩孔。这样可使钻头与底孔的中心重合，使切削均匀平稳。

（3）扩孔前，先用镗刀镗出一段直径与底孔相同的导向孔，这样可以在扩孔一开始就有较好的导向，而不至于随原有不正确的孔偏斜，多用于铸孔、锻孔上进行扩孔。

（4）采用钻套引导进行扩孔。

四、扩孔时的注意事项

（1）扩孔前钻孔直径的确定。用扩孔钻扩孔时，预钻孔直径为要求孔径的0.9倍，用麻花钻扩孔时，预钻孔直径为要求孔径的0.5～0.7倍。

（2）扩孔的切削用量。扩孔的进给量为钻孔的1.5～2倍，切削速度为钻孔的0.5倍。

（3）除铸铁和青铜外，其他材料的工件扩孔时，都要使用切削液。

（4）在实际生产中，用麻花钻代替扩孔钻使用时，应适当减少后角，以避免扎刀现象。

第三节 铰 孔

用铰刀从工件孔壁上切除微量金属层，以提高孔的尺寸精度和降低表面粗糙度的方法称为铰孔。由于铰刀的刀齿数量多，切削余量小，导向性好，因此切削阻力小，加工精度高，一般可达到IT7级～IT9级，表面粗糙度值达$Ra0.8\ \mu m$，属于孔的精加工。

一、铰刀的种类和结构特点

（一）铰刀的种类

铰刀有手用铰刀和机用铰刀之分，其中手用铰刀又分圆柱孔铰刀、圆锥孔铰刀和可调节手用铰刀三类。

（二）铰刀的结构特点

1. 圆柱孔铰刀

主要用来铰削标准系列的孔。它由工作部分、颈部和柄部 3 个部分组成，其结构如图 7-13 所示。

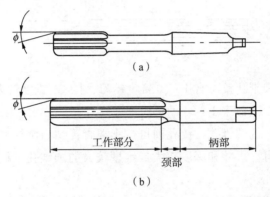

图 7-13　圆柱孔铰刀

(a) 机用铰刀；(b) 手用铰刀

（1）工作部分由切削部分和校准部分组成。切削部分磨有切削锥角 2ϕ。切削锥角决定铰刀切削部分的长度，对切削时进给力的大小、铰削质量和铰刀寿命有较大影响。一般手铰刀的 $\phi=30'\sim1°30'$，切削部分与前端有 $45°$ 锥角，便于铰刀进入铰削孔中，并保护切削刃。校准部分主要用来引导铰孔方向和校准孔的尺寸，也是铰刀磨损后的备磨部分。铰刀的刀刃一般有 $6\sim16$ 个齿，可使铰削平稳、导向性好，手铰刀一般不等距分布刀刃。

（2）颈部是为磨制铰刀时供砂轮退刀用的，也用来刻印商标和规格。

（3）柄部是用来装夹、传递扭矩和进给力的部分，有直柄、锥柄和直柄方榫 3 种。

2. 圆锥孔铰刀

锥铰刀用于铰削圆锥孔，其结构如图 7-14 所示：

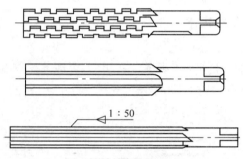

图 7-14　圆锥孔铰刀

常用的圆锥孔铰刀有 1：10 锥度铰刀、1：30 锥度铰刀、1：50 锥度铰刀和锥度近似于 1：20 的莫氏锥度铰刀。

尺寸较小的圆锥孔，铰孔前可按小端直径钻出圆柱底孔，再用锥铰刀铰削即可。尺寸和深度较大或锥度较大的圆锥孔，铰孔前的底孔应钻成阶梯孔。

3. 可调节手用铰刀

整体圆柱孔铰刀主要用来铰削标准直径系列的孔。在单件生产和修配工作中需要铰削少量的非标准孔，则应使用可调节的手用铰刀。

可调节铰刀（如图 7-15 所示）的刀体上开有斜底槽，具有同样斜度的刀片可放置在槽内，用调整螺母和压圈压紧刀片的两端。调节调整螺母，可使刀片沿斜底槽移动，即能改变铰刀的直径，以适应加工不同孔径的需要。

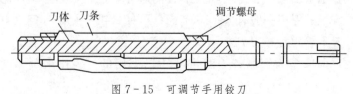

图 7-15　可调节手用铰刀

4.机用铰刀

机用铰刀一般用高速钢制作,手用铰刀用高速钢或高碳钢制作。为适用高速铰削和铰削硬材料,常采用硬质合金机用铰刀。其结构采用镶片式,直柄机铰刀直径有 6 mm、7 mm、8 mm、9 mm 四种规格,锥柄的铰刀直径范围为 10～28 mm,分一、二、三号,可分别铰出 H9、H10、H11 级的孔,如按要求研磨铰刀,则可铰出更高精度的孔。

二、铰削用量

铰削用量包括铰削余量、铰削速度以及进给量。

(一)铰削余量

铰削余量指上道工序(钻孔或扩孔)完成后留下的直径方向的加工余量。选择铰削余量时应考虑被加工孔径的大小、精度、表面粗糙度、材料的软硬、前工序的加工质量以及铰刀的类型等因素。铰削余量不宜过大,因为过大会使刀齿切削负荷增加,变形增大,切削热增加,被加工表面呈撕裂状态,致使尺寸精度过低,表面粗糙度值增大,同时加剧铰刀磨损;铰削余量也不宜过小,否则,上道工序的残留变形难以纠正,原有刀痕不能去除,铰削质量达不到要求。铰削加工时,其余量选择可参照表 7-2 所示。

表 7-2　铰削余量的选择　　　　　　　mm

铰孔直径	<5	5～20	21～32	35～50	51～70
铰削余量	0.1～0.2	0.2～0.3	0.3	0.5	0.8

(二)铰削速度

为了取得较小的表面粗糙度,减少切削热及变形,一般应选用较小的切削速度。用高速钢铰刀铰钢件时,$v=4～8$ m/min;铰铸件时,$v=6～8$ m/min;铰铜件时,$v=8～12$ m/min。

(三)进给量

进给量要适当,机铰钢件或铸铁件时 $f=0.5～1$ mm/r;机铰铜、

铝件时 $f=1\sim1.2$ mm/r。

三、铰孔时的切削液选用

铰孔时的切屑细碎易黏附在刀刃上或挤在孔壁与铰刀之间，而刮伤表面，影响表面质量。因此，铰孔时应选用适当的切削液进行清洗、润滑和冷却，选用时参考表7-3所示。

表7-3 铰孔时切削液使用

加工材料	切削液
钢	(1) 10%～20%乳化液 (2) 精度要求较高时，采用30%菜油加70%乳化液 (3) 高精度铰孔时用菜油、柴油、猪油等
铸铁	(1) 煤油，使用时注意孔径收缩量最大达 0.02～0.04 mm (2) 低浓度乳化液（或不用）
铝	煤油
铜	乳化油水溶液

四、铰孔方法

（一）手工铰孔操作方法

(1) 工件装夹时的位置，应尽可能使铰刀的中心线与孔的中心线重合。

(2) 起铰时，可用右手通过铰孔轴线施加进给压力，左手转动铰刀。正常铰削时两手用力应平稳，铰削速度要均匀，进给时不要猛力压铰刀。

(3) 铰刀铰孔或退出铰刀时，均不能反转，以防止刃口磨钝以及切屑嵌入刀具后面与孔壁间，将已铰好的孔壁划伤。

（二）机动铰孔操作方法

(1) 装夹工件时，必须严格保证钻床主轴、铰刀和工件孔三者之间的同轴度。

(2) 开始铰孔时，应采用手动进给，当铰刀切削部分进入孔内以后，即可改用机动进给。

（3）铰削过程中，应按要求合理选用切削液。

（4）铰削盲孔时，应经常退出铰刀，清除铰刀和孔内切屑，防止因堵屑而刮伤孔壁。

（5）孔铰完后，应先退出铰刀，然后再停车，以防退出时将孔壁拉出刀痕。

五、铰孔时的注意事项

（1）铰刀是精加工工具，要求保护好刃口，避免碰撞，刀刃上有毛刺或切屑黏附，可用石油小心地磨去。

（2）铰刀排屑功能差，须经常取出清屑，以免铰刀被卡住。

（3）铰定位圆锥销孔时，因锥度小有自锁性，其进给量不能太大，以免铰刀被卡死或折断。

（4）掌握好铰孔中常出现的问题，加工时注意避免。

第四节 锪 孔

用锪钻在孔口表面锪出一定形状的孔和表面的加工方法称为锪孔。锪孔的目的是为保证孔端面与孔中心线的垂直度，以便与孔连接的零件位置正确，连接可靠。

一、锪孔钻的种类和结构特点

锪孔钻分柱形锪钻，锥形锪钻和端面锪钻三种（如图7－16所示）。

1. 柱形锪钻

锪圆柱形埋头孔的锪钻称为柱形锪钻。柱形锪钻起主要切削作用的是端面刀刃，接端结构可分为带导柱、不带导柱和带可换导柱三种。

2. 锥形锪钻

锪锥形埋头孔的锪钻称为锥形锪钻。按切削部分锥角分为60°、

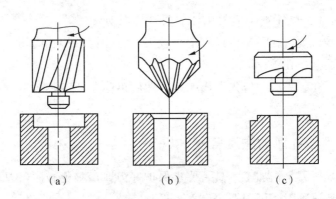

图 7-16　锪孔钻的种类

（a）柱形锪钻；（b）锥形锪钻；（c）端面锪钻

75°、90°、120°四种。刀齿齿数为 4～12 个，为改善钻尖处的容屑条件，每隔一齿将刀刃切去一块。

3. 端面锪钻

专门用来锪平孔口端面的锪钻称为端面锪钻。其端面刀齿为切削刃，前端导柱用来导向定心，以保证孔端面与孔中心线的垂直度。

二、用麻花钻改磨锪钻

标准锪钻虽有多种规格，但一般适用于成批大量生产，不少场合使用麻花钻改制的锪钻。

（一）麻花钻改制成的锥形锪钻

麻花钻改制成的锥形锪钻主要是保证其顶角 2φ 应与要求锥角一致，两切削刃要磨得对称。为减少振动，一般磨成双重后角：$\alpha_0 = 6°\sim10°$，对应的后面宽度为 $1\sim2$ mm，$\alpha=15°$。外缘处的前角适当修整为 $\gamma_0 = 15°\sim20°$，以防扎刀。

（二）麻花钻改磨柱形锪钻

带导柱的柱形锪钻，前端导向部分与已有孔为间隙配合，钻头直径为圆柱埋头孔直径。导柱刃口要倒钝，以免刮伤孔壁，不带导柱的锪钻，可用来锪平底盲孔。

三、锪孔方法

（1）锪锥形埋头孔时，按图样锥角要求选用锥形锪孔钻。锪深一般控制在埋头螺钉装入后低于工件表面约 0.5 mm，加工表面应无振痕。

（2）锪柱形埋头孔时，底面要平整并与底孔轴线垂直，加工表面无振痕。如果用麻花钻改制的不带导柱的锪钻锪柱形埋头孔时，必须用标准麻花钻扩出一个台阶孔作导向，然后用平底锪钻锪至深度尺寸。

（3）锪孔时的切削速度一般是钻孔速度的 1/2～1/3。精锪时，甚至可以利用钻床停止时主轴的运动惯性来锪孔。

四、锪孔时的注意事项

锪孔方法与钻孔方法基本相同，但锪孔时刀具容易振动，特别是使用麻花钻改制的锪钻，易在所锪端面或锥面上产生振痕，影响加工质量，因此，锪孔需注意以下几点：

（1）锪孔钻的各切削刃应磨得对称，以保持切削平稳。

（2）制作或改磨的锪钻要尽量的短，以减少振动。

（3）锪钻的后角和外缘处的前角应适当地减小，以防止产生扎刀现象。

（4）使用装配式锪钻锪孔时，刀杆和刀片都要装夹牢靠，工件要压紧。

（5）锪孔时，要在导柱和切削表面加些切削液。

（6）锪削速度要低（一般钻削速度的 1/2～1/3），以获得光滑表面，减少振动。

（7）手进刀时压力要轻，用力要均匀，以防打刀和扭损刀杆。

课题 8

攻螺纹与套螺纹

◎第一节 攻螺纹
◎第二节 套螺纹

　　螺纹加工是金属切削中的重要内容之一。广泛用于各种机械设备、仪器仪表中。作为连接、紧固、传动、调整的一种机构，螺纹加工的方法多种多样，一般比较精密的螺纹都需要在车床上加工，而钳工只能加工三角螺纹，特别适合单件生产和机修场合，其加工方法是攻螺纹与套螺纹。

第一节 攻螺纹

一、攻螺纹工具

（一）丝锥

1. 丝锥类型

如图 8-1 所示，丝锥是用来切削内螺纹的工具，分手用和机用两种。手用丝锥由合金工具钢或轴承钢制成，手用丝锥的切削部分长些；机用丝锥用高速钢制成，切削部分要短些。

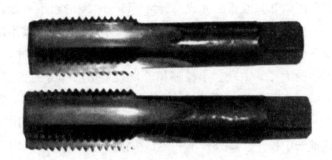

图 8-1 丝锥

2. 丝锥的构造

如图 8-2 所示，丝锥由工作部分和柄部组成，工作部分包括切削部分和校准部分。切削部分磨出锥角，使切削负荷分布在几个刀齿上，这样不仅工作省力、丝锥不易崩刃或折断，而且攻螺纹时的导向好，也保证了螺纹的质量。校准部分有完整的牙型，用来校准、修光已切出的螺纹，并引导丝锥沿轴向前进。丝锥的柄部有方榫，用以夹持并传递切削转矩。

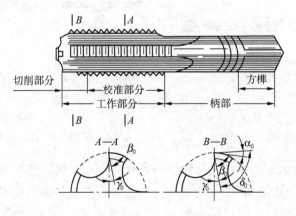

图 8-2 丝锥的构造

3. 丝锥的成组分配

为了减少攻螺纹时的切削力和提高丝锥的使用寿命，一般将整个切削工作分配给几只丝锥来完成。通常 M6～M24 的丝锥一套有两支，M6 以下和 M24 以上的丝锥一套有三支，细牙普通螺纹丝锥不论大小，均为两支一套。切削用量的分配有锥形分配和柱形分配两种，锥形分配每套丝锥的大径、中径、小径都相等，只是切削部分的长度和锥角不等，头锥切削部分的长度为 5～7 个螺距，二锥是 2.5～4 个螺距，三锥是 1～2 个螺距。柱形分配头锥、二锥的大、中、小径比三锥小；头锥、二锥的中径一样，大径不一样；头锥的大径小，二锥的大径大。攻螺纹时切削用量分配合理，每支丝锥磨损均匀，使用寿命长，但攻螺纹时顺序不能搞错。

（二）铰杠

铰杠是用来夹持锥柄部的方榫、带动丝锥旋转切削的工具。如图 8-3 和图 8-4 所示，铰杠分普通铰杠和丁字形铰杠两类，而普通铰杠又分固定式铰杠和活络式铰杠两种。

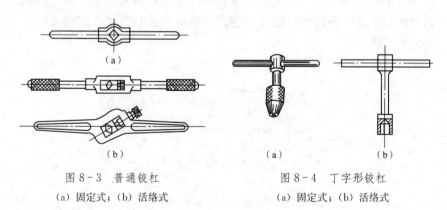

（a）

（b）

图 8-3 普通铰杠
（a）固定式；（b）活络式

（a）

（b）

图 8-4 丁字形铰杠
（a）固定式；（b）活络式

固定式铰杠的方孔尺寸和柄长符合一定的规格，使丝锥的受力不会过大。丝锥不易折断，故操作比较合理，但规格准备要多，一般攻 M5 以下的螺纹，宜采用固定铰杠，活络式铰杠可以调节方孔尺寸，故应用范围较广。铰杠长度应根据丝锥尺寸的大小选择，以控制一定的攻螺纹扭矩，其运用范围见表 8-1。

表 8-1 铰杠长度选择

铰杠长度/mm	150	230	280	380	580	600
丝锥直径/mm	M5～M8	M8～M12	M12～M14	M12～M16	M16～M22	M24 以上

二、攻螺纹前底孔直径与深度的计算

(一)攻螺纹前底孔直径的计算

用丝锥攻螺纹时，每一个切削刃在切削金属的同时，也在挤压金属，因此会将金属挤到螺纹牙尖，这种现象对于韧性材料尤为突出。若攻螺纹前底孔直径与螺纹小径相等，被挤出的材料就会卡住丝锥甚至使丝锥折断，并且材料的塑性越大，挤压作用越明显。因此，攻螺纹前底孔直径应略大于螺纹小径。这样挤出的金属正好形成完整的螺纹，且不易卡住丝锥。但底孔尺寸也不宜过大，否则会使螺纹牙型高度不够，降低螺纹强度。对普通螺纹来说，底孔直径可根据下列公式计算：

脆性材料　$D_{底}=D-1.05P$

韧性材料　$D_{底}=D-P$

式中，$D_{底}$ 为底孔直径，mm；D 为螺纹外径，mm；P 为螺距，mm。

(二)攻螺纹前底孔深度的计算

攻不通孔螺纹时，由于丝锥切削部分有锥角，前端不能切出完整的牙型，所以钻孔深度应大于螺纹的有效深度，可按下面公式计算：

$$H_{钻} = h_{有效} + 0.7D_{大}$$

式中，$H_{钻}$ 为底孔深度，mm；$h_{有效}$ 为螺纹有效深度，mm；$D_{大}$ 为螺纹外径，mm。

例　在中碳钢攻 M10 的不通孔螺纹，其有效深度为 50 mm，求底孔深度？

解：$H_{钻}=50+0.7×10=57$ mm

答：底孔深度为 57 mm。

三、攻螺纹的方法

（1）划线，计算底孔直径，然后选择合适的钻头钻出底孔。

（2）在螺纹底孔的孔口倒角，通孔螺纹两端都倒角，倒角直径可略大于螺孔直径，这样可以使丝锥开始切削时容易切入，并防止孔口出现挤压出的凸边。

（3）起攻时用头锥，可用手掌按住铰杠中部沿丝锥轴线用力加压，另一手配合作顺向旋进。也可以用两手握住铰杠两端均匀施加压力，并将丝锥顺向旋进，应保证丝锥中心线与孔中心线重合，不能歪斜。在丝锥攻入 2 圈时，可用刀口直角尺在前后、左右方向进行检查，并不断校正，如图 8-5 所示。当丝锥切入 3～4 圈时，不允许继续校正，否则容易折断丝锥。

图 8-5　攻螺纹的检验

（4）当丝锥的切削部分进入工件时，就不需要再施加压力，而靠丝锥作自然旋进切削。此时，两手用力要均匀，一般顺时针转 1～2 圈，就需倒转 1/4～1/2 圈，使切屑碎断，避免切屑阻塞而使丝锥卡住或折断。

（5）攻螺纹时必须按头锥、二锥、三锥的顺序攻削，以减少切削负荷，防止丝锥折断。

(6) 攻不通螺纹时，可在丝锥上做好深度标记，并要经常退出丝锥，清除留在孔内的切屑，否则会因切屑堵塞使丝锥折断或达不到规定深度。

(7) 攻韧性材料的螺孔时要加切削液，以减小加工螺孔的表面粗糙度和延长丝锥寿命。攻钢件时用机油；螺纹质量要求高时，可用工业植物油；攻铸件可用柴油，如表 8-2 所示。

表 8-2 攻螺纹时切削液的选用

零件材料	切削液
钢、合金钢	机油、乳化液
铸铁	柴油、75％＋25％矿物油
铜	机械油、硫化油、75％柴油＋25％矿物油
铝	50％煤油＋50％机油、85％煤油＋15％亚麻油、煤油、松节油

四、丝锥的修磨方法以及取断丝锥的方法

（一）丝锥的修磨

如图 8-6 所示，当丝锥切削部分磨损或切削刃崩牙时，应刃磨后再使用。先将损坏部分磨掉，再磨出后刀面。刃磨时注意保持各刃瓣的半锥角 φ，要把丝锥竖起来刃磨，手的转动要平稳，均匀。刃磨后的丝锥，各对应处的锥角大小相等，切削部分长度一致。当丝锥校准部分磨损时，可刃磨其前刀面，磨损较小时，可用油石研磨其前刀面。刃磨时，丝锥在棱角修圆的片状砂轮上作轴向运动，整个前面要均匀磨削，并控制好角度，注意冷却，以防丝锥刃口退火。

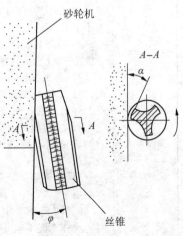

图 8-6 丝锥的修磨

（二）取断丝锥的方法

1. 折断部分在孔外

如果丝锥折断部分露出孔外，可用手钳轻轻夹牢，先晃动几下，按逆时针旋出；如果丝锥折断部分露出外面较少，可用小圆冲轻轻剔出，注意不要碰伤丝扣；如果丝锥与孔咬得较紧，可在断丝锥上堆焊个六角螺母，然后再用扳手轻轻扳动六角螺母，将断丝锥退出。

2. 折断部分在孔内

在带方榫的一段断丝锥上拧上两只螺母，再用几段钢丝插入上下两段断丝锥和螺母间的空槽中，然后用铰手向丝锥退出方向扳转方榫，取出断丝；将专用旋取器插入断丝锥的屑槽内，按退出方向旋转，将断丝锥取出；如工件不大，可用电火花加工设备将断丝锥腐蚀掉。

五、攻螺纹时常见缺陷分析及预防方法

攻螺纹时容易出现的问题和防止方法见表8-3。

表8-3　攻螺纹时容易出现的问题和防止方法

废品形成	产生原因	防止方法
螺纹乱扣	（1）螺纹底孔直径大小，丝锥不易攻入 （2）头锥攻螺纹时不正时，用二锥、三锥，强行攻螺纹而乱扣 （3）换用二锥，三锥攻螺纹时，没有对准头锥攻出螺纹的孔就强行攻削 （4）攻螺纹时，丝锥没有经常倒转断屑，使已切出的螺纹被啃伤 （5）丝锥磨钝，崩齿，刀刃有粘屑 （6）攻薄形工件丝锥退出时，丝杆掌握不稳乱扣 （7）攻螺纹时，两手用力不稳、不均匀 （8）切削液选用不当	（1）螺纹底孔直径应按表选用 （2）一锥攻丝时，要用角尺校正垂直后再深攻 （3）换用二三锥攻丝时，应使丝锥与头锥攻出的螺纹吻合，对准对正后再攻 （4）攻螺纹时应经常不断地倒转丝锥 （5）避免用磨钝和崩齿的丝锥攻螺纹 （6）薄形工件攻完退出时，丝杆要把稳慢慢退出 （7）攻螺纹时，两手用力要均匀，不摇摆 （8）根据工件的材料不同，采用适宜的切削液

续表

废品形成	产生原因	防止方法
滑扣	（1）螺纹底孔直径较大，攻螺纹时丝锥歪斜或晃动 （2）工件材料强度较低，丝锥已切入螺纹，仍继续施加压力	（1）底孔直径应选择标准尺寸，攻螺纹时丝锥保持垂直 （2）攻工件材料强度较低的螺纹时，丝锥切入螺纹后，压力要适合
螺纹孔歪斜	（1）螺纹底孔与工件表面不垂直 （2）开始攻螺纹时，丝锥与工件不垂直	（1）钻螺纹底孔时，要使工件与钻头垂直 （2）攻头锥时，要仔细检查，使丝锥和工件保持垂直
丝锥折断	（1）螺纹底孔太小，用力较大 （2）攻盲孔时，丝锥已到底仍转动丝锥 （3）工件材料韧性太大或操作时精神不集中 （4）攻螺纹时没用切削液，不经常断屑排屑	（1）钻准确的螺纹底孔 （2）攻盲孔螺纹时，要事先做好深度标记 （3）攻韧性材料时不要用力过猛，也可采用大前角丝锥，操作时精神要集中 （4）攻螺纹时使用冷却液，要经常断屑排屑

第二节　套螺纹

一、套螺纹的工具

（一）圆板牙

圆板牙是加工外螺纹的工具，其基本结构像一个圆螺母，只是上面钻几个排孔并形成切削刃。

1. 圆板牙的构造

圆板牙由切削部分、校准部分和排屑孔组成。排屑孔形成刃口。切削部分在板牙两端的锥形部分，其锥角约 $30° \sim 60°$，前角在 $15°$ 左右，后角约 $8°$。校准部分在板牙的中部，起导向和修光作用。圆板牙两端都是切削部分，一端磨损后可换另一端使用。

2. 圆板牙的分类

如图 8-7 所示，板牙有封闭式和开槽式两种结构。

（二）板牙架

板牙架是装夹板牙的工具，板牙放入相应规格的板牙架孔中，通过紧定螺钉将板牙固定，并传递套螺纹时的切削转矩，如图 8-8 所示。

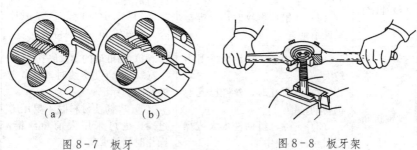

图 8-7 板牙

(a) 封闭式；(b) 开槽式

图 8-8 板牙架

二、套螺纹时圆杆直径的确定

套螺纹时，板牙在切削材料的过程中会产生挤压作用，使材料产生塑性变形。因此，套螺纹前的圆杆直径 D 要大于螺纹公称直径 d，可参照下式计算：

$$D = d - 0.13P$$

式中，P 为螺距，mm。

为了使板牙起套时容易切入工件并作正确的引导，圆杆的端部应倒角为 $15° \sim 20°$ 的锥体，其倒角处的最小直径应该略小于螺纹小径，避免螺纹端部出现锋口和卷边。

三、套螺纹的方法

（1）确定圆杆直径，切入端应倒角成 $15° \sim 20°$ 的锥角。

（2）用软钳口或硬木做的 V 形块将工件夹持牢固，注意圆杆要垂直于钳口，且不能损伤外表面。

（3）起套方法与攻螺纹起攻方法相似，开始套螺纹时，应检查校正，必须使板牙端面与圆杆轴线垂直。

（4）适当加压力并旋转扳手，当板牙切入圆杆 1～2 圈螺纹，再次检查板牙是否套正，如有歪斜应慢慢校正后再继续加工，当切入圆杆 3～4 圈后，应停止施加压力，平稳地旋动铰手，但要经常倒转板牙断屑。

（5）为了提高螺纹表面质量和延长使用寿命，套螺纹时要加切削液。常用的有机油和乳化液，要求高时可用工业植物油。

四、套螺纹时的注意事项

（1）在钻 M20 以上螺纹底孔时要用立钻，必须先熟悉机床的使用、调整方法，然后再进行加工，并注意做到安全操作。

（2）起攻时要进行垂直度校正，否则切出的螺纹牙形一面深一面浅，并随着螺纹长度的增加，歪斜现象也随之增加。

（3）套螺纹时两手用力要均匀。

（4）套螺纹时要熟悉其常出现的问题，及时预防。

课题 9

弯形与矫正

◎第一节 弯形
◎第二节 矫正

作为冷作加工工艺的矫正与弯形是钳工所经常遇到的任务，它们常利用金属材料产生塑性变形来进行加工。

第一节 弯 形

将坯料弯成所需形状的加工方法称为弯形。弯形是使材料产生塑性变形，因此只有塑性较好的材料才能进行弯形。

一、弯形的方法

弯形的方法有冷弯和热弯两种。在常温下进行的弯曲变形叫冷弯；而热弯则是将材料预热后进行的。根据加工手段不同，又可分为机械弯形和手工弯形两种，钳工是以手工弯形为主的。

（一）板料在厚度方向上的弯形

小工件可在台虎钳上进行，先在弯形的地方划好线，然后再用木锤锤击；也可用木块垫住工件再用钢锤敲击；如果弯形板料较大，超过钳口的宽度和高度时，可以用角铁夹持进行工作，如图 9-1 所示。

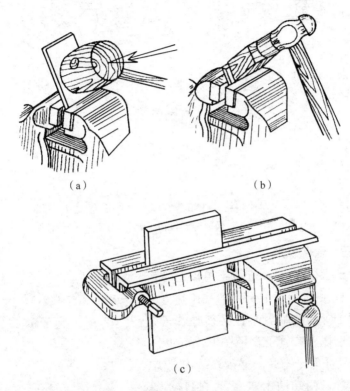

（a）　　　　　　　　　　（b）

（c）

图 9-1　板料在台虎钳上弯形方法
（a）用木锤弯形；（b）用钢锤弯形；（c）长板料弯形

（二）板料在宽度方向上的弯形

利用金属材料的延伸性能，锤击弯形的外弯部分，使材料向相反方向逐渐延伸，达到弯曲的目的，如图 9-2（a）所示；较窄的板料可以在 V 形铁或特制的弯形模上锤击，使工件弯形，如图 9-2（b）所示；另外，还可以在简单的弯形工具上进行弯形如图 9-2（c）所示。

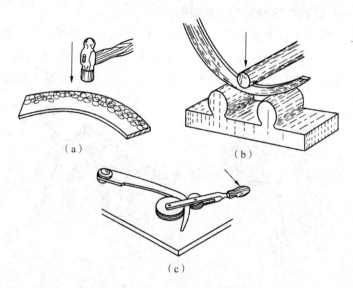

图 9-2 板料在宽度方向上的弯形

(a) 锤击延伸弯形；(b) 在弯形模上弯形；(c) 弯形工具弯形

（三）管件弯形

管子直径在 12 mm 以下可以用冷弯方法，直径大于 12 mm 一般采用热弯方法。管子弯形的临界半径必须是管子直径的 4 倍以上。管子直径在 10 mm 以上时，为防止管子弯瘪，必须在管内灌满、灌实干沙，两端用木塞塞紧。焊接管弯

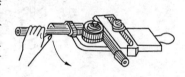

图 9-3 弯管工具

形时，应将焊缝放在中性层位置，以减小变形，防止焊缝开裂。手工弯形管通常用的专用工具如图 9-3 所示。

二、弯形毛坯长度计算

工件弯形后，只有中性层长度不变，因此计算弯形工件坯料长度时，可按中性层的长度进行计算。但当材料弯形后，中性层并不在材料的正中，而是偏向内层材料一边。经实验证明，中性层的实际位置

与材料的弯形材料半径 r 和材料厚度 t 有关。

当材料厚度不变时，弯形半径越大，变形越小，中性层的位置愈接近材料厚度的几何中心。弯形的情况不同时，中性层的位置也不同，如图 9-4 所示。

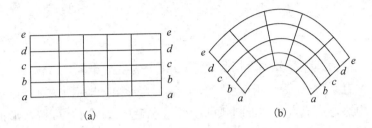

(a) (b)

图 9-4 钢板弯形前后情况

(a) 弯形前；(b) 弯形后

如表 9-1 所示为中性层位置 x_0 的值。从表中 r/t 的比值中可以看出，当弯形半径 $r \geqslant 16t$ 时，中性层在材料的中间（即中性层与几何中心重合）。在一般情况下，为简化计算，当 $r/t \geqslant 8$ 时，可取 $x_0 = 0.5$ 进行计算。

表 9-1 弯形中性层位置系数 x_0

r/t	0.25	0.5	0.8	1	2	3	4	5	6	7	8	10	12	14	$\geqslant 16$
x_0	0.2	0.25	0.3	0.35	0.37	0.4	0.41	0.43	0.44	0.45	0.46	0.47	0.48	0.49	0.5

弯形的形式有多种，如图 9-5 所示为常见的几种弯形形式。

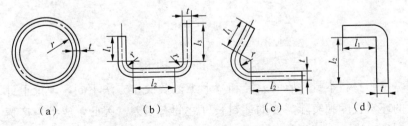

(a) (b) (c) (d)

图 9-5 常见的弯形形式

(a) 圆环工件；(b) 带圆弧工件；(c) 带圆弧工件；(d) 内边直角工件

图（a）、（b）、（c）为内边带圆弧的制件，图（d）是内为直角的制件。

内边带圆弧制件的毛坯长度等于直线部分（不变形部分）和圆弧中性层长度（弯形部分）之和。圆弧部分中性层长度，可按下列公式计算：

$$A = \pi(r + x_0 t) \cdot \frac{\alpha}{180}$$

式中，A 为圆弧部分中性层长度，mm；r 为变形半径，mm；x_0 为中性层位置系数；t 为材料厚度，mm，α 为弯形角，即弯形中心角。

内边弯形成直角不带圆弧的制件，求毛坯长度时，可按弯形前后毛坯体积不变的原理计算，一般采用经验公式计算，取

$$A = 0.5t$$

例　把厚度 $t = 5$ mm 的钢板坯料，弯成图 9 - 5（c）中的制件，若弯形角 $d = 120°$，内弯形半径 $r = 10$ mm，边长 $l_1 = 50$ mm，$l_2 = 80$ mm，求坯料长度 L 是多少？

解：$r/t = 10/5 = 2$ 查表 9 - 1 得 $x_0 = 0.37$

$$L = l_1 + l_2 + A$$

$$A = \pi(r + x_0 t) \cdot \frac{\alpha}{180}$$

$$= 3.14 \times (10 + 0.37 \times 5) \times \frac{120}{180}$$

$$= 3.14 \times 11.85 \times \frac{2}{3}$$

$$= 24.806$$

$$\approx 24.8 \text{ mm}$$

$$L = 50 + 80 + 24.806 = 154.81 \text{ mm}$$

由于材料本身性质的差异和弯形工艺及操作方法不同，理论上计算的坯料长度和实际需要的坯料长度之间有误差。因此，成批生产弯形制件时，一定要采用试弯形的方法反复确定坯料的准确长度，以免造成成批废品。

三、绕弹簧

（一）弹簧的种类

弹簧是经常使用的一种机械零件，在机构中起缓冲、减震和夹紧作用。弹簧接受力情况分为压缩弹簧、拉伸弹簧和扭转弹簧；按形状可分为圆柱弹簧、圆锥弹簧、矩形断面弹簧、板弹簧和圆弹簧等。其中圆柱是最常用的，如图 9-6 所示。

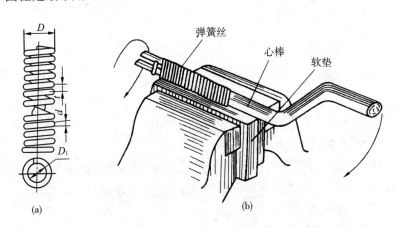

图 9-6　手工盘弹簧方法

（a）圆柱螺旋压缩弹簧；（b）盘弹簧的方法

（二）弹簧材料

钢丝弹簧：强度高、弹性好、回火稳定性好，适用于做弹簧。

不锈钢丝：耐腐蚀、耐高温，适用于做小弹簧和大弹簧。

青铜丝：耐腐蚀、防磁、导电性和弹性较好。

（三）手工绕制圆柱弹簧

（1）将钢丝一端插入心轴的槽或小孔中，预盘半圈使其固定。然后把钢丝夹在台虎钳软钳口上，夹紧力以钢丝能被拉动为度。

（2）摇动手柄使心轴按要求方向边绕边向前移，就可盘绕出圆柱形弹簧。

（3）当盘绕到总圈数后再加 2～3 圈，将弹簧从心轴上取下，截断后在砂轮上磨平两端。

第二节 矫 正

为消除材料的弯曲、翘曲、凹凸不平等缺陷而采取的操作方法称为矫正。矫正的实质就是让金属材料产生一种新的塑性变形，来消除原来不应存在的塑性变形。

一、矫正的方法

矫正可分为冷矫正和热矫正。按矫正时产生力的方法还可分为：手工矫正、机械矫正、火焰矫正与高频热点矫正等，钳工操作主要以手工矫正为主。手工矫正根据材料变形的类型常采用以下几种方法。

（一）扭转法

扭转法是用来矫正材料的扭曲变形。一般是将条料夹持在台虎钳上，用扳手把条料向变形的相反方向扭转到原来的形状，如图9-7所示。

（二）伸张法

伸张法是用来矫正各种细长线材的。将线材的一端固定，然后从固定处开始，将弯曲线材绕圆木一周，紧捏圆木向后拉，线材即可校直，如图9-8所示。

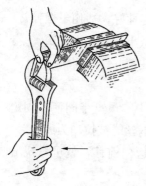

图9-7 扭转法

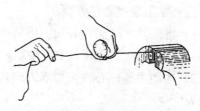

图9-8 伸张法

（三）弯形法

弯形法是用来矫正各种弯曲的棒料轴类零件，或大宽度方向上变形的条料。直径较小的棒料和薄条料，可在台虎钳上用扳手矫正，直径大的棒料和较厚条料，则要用压力机械矫正，再用百分表检查矫正情况，如图9-9所示。

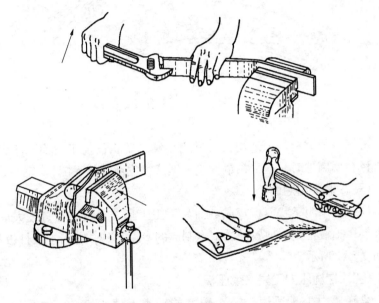

图9-9 弯形法

（四）延展法

延展法是用手锤敲击材料，使其延展伸长来达到矫正的目的。金属薄板最容易产生中部凸出、边缘呈波浪形，以及翘曲等变形。如果板料是软材料，可用平整的木块，在平板上推压材料表面或用木锤或橡皮锤锤击，如图9-10所示。

二、手工矫正的工具

（一）平板和铁砧

平板、铁砧及台虎钳都可以作为矫正板材或型材的基座。

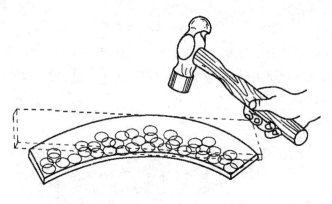

图 9 - 10　延展法

（二）软、硬手锤

矫正一般材料均可采用钳工常用手锤；矫正已加工表面、薄钢件或有色金属制件时，应采用铜锤、木锤或橡皮锤等软手锤。

（三）抽条和拍板

抽条是采用条状薄板弯成的简易手工工具，它用于抽打较大面积的板料；拍板是用质地较硬的檀木制成的专用工具。它用于敲打板料，如图 9 - 11 所示。

（四）螺旋压力工具（或压板）

螺旋压力工具适用于矫正较大的轴类工件或棒料，如图 9 - 12 所示。

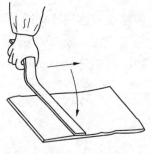

图 9 - 11　抽条和拍板

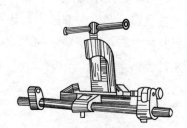

图 9 - 12　螺旋压力工具

课题 10

刮削与研磨

◎第一节 刮削
◎第二节 研磨

刮削与研磨是钳工工作中非常重要的精加工方法，广泛应用于机械制造业中。

第一节 刮　　削

一、刮削概述

用刮刀刮除工件表面上的薄层，从而提高加工精度，以满足使用要求的加工方法叫刮削。

（一）刮削原理

刮削时，先在工件与校准工具或工件与其配合件之间的配合面上涂上显示剂，经相互对研后显出工件表面高点，然后用刮刀刮去高点，如此反复地显出高点和刮削高点。刮削中，刮刀对工件还有推挤和压光作用。

（二）刮削的特点及应用

（1）刮削具有切削量小、切削力小、切削热量少、装夹变形小等优点，能获得较高的尺寸精度、形状和位置精度、接触精度和很小的表面粗糙度值。

（2）刮削时，刮刀反复对工件表面进行挤压，使工件表面组织更加紧密，从而提高了刮削表面的耐磨性。

（3）刮削后表面形成均匀分布的微线凹坑，使表面具有良好的润滑和存油条件。

（4）刮削一般采用标准件或互配件进行涂色显点，因此刮削后的工件有较高的形位公差和互配件的精密配合。

刮削工作主要应用于机床导轨及相配合表面、滑动轴承接触表面、工量具的接触面及密封表面等场合。

（三）刮削余量

由于刮削每次只能刮去很薄的一层金属，刮削操作的劳动强度又很大，故机加工后留下的刮削余量不是太大，一般为 0.05～0.4 mm，如表 10 - 1 所示。

表 10 - 1　刮削余量

平面的刮削余量				
平面宽度/mm	平面长度/mm			
	100～500	>500～1 000	>1 000～2 000	>2 000～4 000	>4 000～6 000
100 以下	0.10	0.15	0.20	0.25	0.30
100～500	0.15	0.20	0.25	0.30	0.40

孔的刮削余量		
孔径/mm	孔长/mm		
	100 以下	100～200	>200～300
80 以下	0.05	0.08	0.12
80～180	0.10	0.15	0.25
>180～360	0.15	0.20	0.35

二、刮削的工具

(一) 刮刀的种类

刮刀一般用碳素钢 T10A 、T12A 或弹性好的轴承钢 GCr15 锻制而成，硬度可达 60 HRC 左右，刮刀是刮削的主要工具。刮削淬火硬件时，可用硬质合金刮刀。刮刀分平面刮刀和曲面刮刀两大类。

1. 平面刮刀

平面刮刀用来刮削平面和外曲面，平面刮刀又分普通刮刀和活头刮刀两种，其中普通刮刀按所刮表面精度不同，又分为粗刮刀、细刮刀和精刮刀三种，如图 10-1 所示。

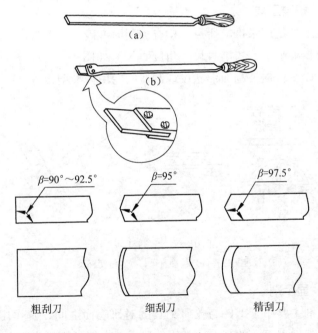

图 10-1 平面刮刀

(a) 普通刮刀；(b) 活头刮刀

2. 曲面刮刀

曲面刮刀（如图 10-2 所示）用来刮削内曲面，如滑动轴承等。

常用的有三角刮刀和蛇头刮刀两种。

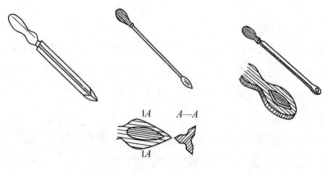

图 10-2　曲面刮刀

（二）校准工具

校准工具是用来推磨研点和检查被刮面准确性的工具，也称研具。常用的有校准平板、校准直尺、角度直尺（如图 10-3），校研曲面用的研磨棒以及根据被刮面形状设计制造的专用校准型板等。

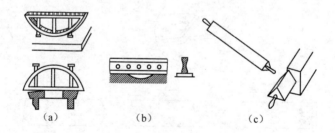

图 10-3　校准工具

（a）校准平板；（b）校准直尺；（c）角度直尺

（三）显示剂

显示剂主要用于工件与校研工具的对研表面之间，其作用是清晰地显示出工件表面上的高点。常用的显示剂有红丹粉和普鲁士蓝油。

（1）红丹粉由氧化铅或氧化铁加机械油调和而成，其特点是显示清晰，不反光，价格低廉，广泛用于钢和铸铁工件。

（2）普鲁士蓝油是由普鲁士蓝粉与蓖麻油及适量机油调制而成，其特点是研后点小、清楚、价格较高，多用于有色金属和精密零件的显示。

显示剂的使用方法：粗刮时，显示剂调得稀些，在校准件表面涂得较厚，这样显示点子较暗淡，大而少，切屑不易黏附在刮刀上；精刮时，显示剂调得干些，薄而均匀地涂抹在零件表面，显示点子细小清晰，便于提高刮削精度。

三、刮削及精度检验

（一）平面刮削方法

平面刮削一般采用挺刮法和手刮法两种。

1. 挺刮法

如图 10-4（a）所示，将刮刀柄放在小腹右下侧肌肉处，左手在前，手掌向下，右手在后，手掌向上，距刮刀头部 50～80 mm 处握住刀身。刮削时刀头对准研点，左手下压，右手控制刀头方向，利用腿部和臀部力量，使刮刀向前推动，随着研点被刮削的瞬间，双手利用刮刀的反弹作用力迅速提起刀头，刀头提起高度约为 10 mm。

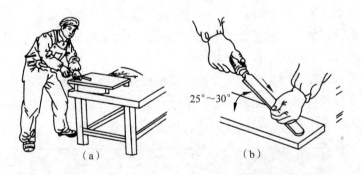

25°～30°

（a）　　　　　　　　　（b）

图 10-4　平面刮削

(a) 挺刮法；(b) 手刮法

2. 手刮法

如图 10-4（b）所示，右手提刀柄，左手握刀杆，距刀刃为 50～70 mm 处，刮刀与被刮表面成 25°～30°角。左脚向前跨一步，身体重心靠向左腿。刮削时右臂利用上身摆动向前推，左手向下压，并引导刮刀运动方向，在下压推挤的瞬间迅速抬起刮刀，这样就完成了一次刮削运动，手刮法刮削力量小，手臂易疲劳，但动作灵活，适用于各种工作位置。

3. 平面刮削步骤

平面刮削可分为粗刮、细刮、精刮、刮花四个步骤。工件表面的刮削方向应与前道工序的刀痕交叉，每刮削一遍后，涂上显示剂，用校准工具配研，以显示出高点，然后再刮掉，如此反复进行。

（1）粗刮。用粗刮刀在刮削面上均匀铲去一层较厚的金属，刮刀痕迹要连成片，不可重复。粗刮能很快去除较深的刀痕、严重的锈蚀或过多的余量。当粗刮到每 25×25 mm 的面积内有 2～3 点时转入细刮。

（2）细刮。用细刮刀刮去块状的研点，目的是进一步改善不平现象。细刮时采用短刮法，刀痕宽而短，刀迹长度均为刀刃宽度，随着研点的增加，刀痕逐步缩短。细刮同样采用交叉刮削方法，在整个刮削面上达到每 25×25 mm 面积内有 12～15 个点时，细刮结束。

（3）精刮。用精刮刀采用点刮法对准显点刮削，目的是增加研点、改善表面质量。精刮时，落刀要轻，提刀要快，每个研点上只刮一刀，不要重复刮削，并始终交叉地进行刮削。当研点增加至每 25×25 mm 面积内 20 个点以上时，精刮结束。

（4）刮花。刮花是在刮削面或机械外观表面上用刮刀刮出装饰性花纹，目的是增加表面美观度，形成良好的润滑条件。要求较高的工件，不必刮出大块的花纹，常见的花纹如图 10-5 所示。

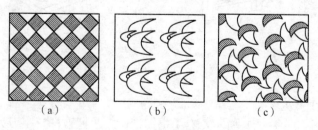

|（a）|（b）|（c）|

图 10-5　常见刮花的花纹

（a）斜花纹；（b）燕子纹；（c）鱼鳞纹

3. 平面刮削精度检验

刮削精度包括尺寸精度、形状和位置精度、接触精度及贴合程度、表面粗糙度等。刮削质量最常用的检查方法是用边长 25 mm 的方框罩在与校准工具配研过的被检查表面上，检测框内接触斑点数目。各种平面接触精度的研点数见表 10 - 2。

表 10 - 2　平面接触精度研点数

平面种类	接触斑点数	应用范围
普通平面	8～12	普通基准面、密封结合面
	12～16	机床导轨面、工具基准面
精密平面	16～20	精密机床导轨、直尺
	20～25	精密量具、一级平板
超精密平面	＞25	零级平板、高精密机床导轨

4. 曲面刮削及精度检验

曲面刮削与平面刮削基本相似，只是使用刀具和掌握刀具的方法略有不同。进行内圆弧面的刮削操作时，刮刀做内圆弧运动，刀痕与轴线约成 45°角。内孔刮削常用与其相配的轴或标准轴作校准工具，用蓝油涂在孔的表面，用轴来回转动显点，再进行刮削。其刮削质量如表 10 - 3 所示。

表 10 - 3　滑动轴承的研点数

轴承直径 /mm	机床或精密机械主轴轴承			锻压设备和运用于机械的轴承		动力机械和冶金设备的轴承	
	高精度	精密	普通	重要	普通	重要	普通
	每 25 mm×25 mm 内的研点数						
≤120	25	20	16	12	8	8	5
＞120		16	10	8	6	6	2

大多数的刮削平面还有平面度要求，如工件平面大范围内的平面度、机床导轨面的直线度等，这些误差可以用框式水平仪检查。

第二节 研 磨

一、研磨概述

用研磨工具和研磨剂，从工件上研去一层极薄表面层的精加工方法，称为研磨。

（一）研磨原理

研磨的基本原理包含着物理和化学的综合作用。

1. 物理作用

研磨时要求研具材料比被研磨的工件软，这样受到一定压力后，研磨剂中微小磨料被压嵌在研具表面上。这些细微的磨料具有较高的硬度，像无数刀刃。

2. 化学作用

在研磨过程中，利用氧化铬、硬脂酸等化学研磨剂，与空气接触的工件表面，很快形成一层极薄的氧化膜，又不断地被磨掉，经过这样的多次反复，工件表面就能很快地达到预定要求。

（二）研磨作用

（1）可以使工件得到很高的尺寸精度和形位精度。

（2）可以使工件获得较小的表面粗糙度，增加耐磨性和抗腐蚀性。

（三）研磨余量

研磨是微量切削，每研磨一遍所能磨去的金属层不超过 0.02 mm，因此研磨余量不应太大，一般在 0.05～0.3 mm 之间比较适宜，有时研磨余量就留在工件尺寸公差之内了。

二、研磨工具

（一）研具材料

在研磨加工中，研具是保证研磨工件几何形状正确的主要因素，因此研具的材料组织要细致均匀，要有很高的稳定性，表面粗糙值要小，常用研具材料有如下几种：

（1）灰铸铁。它有润滑性好，磨耗较慢，硬度适中，研磨剂在其表面容易涂布均匀等优点，是一种研磨效果较好、价廉易得的研具材料，得到广泛的应用。

（2）球墨铸铁。它比灰铸铁更容易嵌存磨料，且更均匀、牢固、适度，同时还能增加研具的耐用度。采用球墨铸铁制作的研具材料，广泛用于精密工件的研磨。

（3）软钢。它的韧性较好，不容易折断，常用来做小型研具。

（4）铜。它的性质较软，表面容易被磨料嵌入，适用作研磨软钢类工件的研具。

（二）研磨平板

研磨平板主要用来研磨平面，如研磨量块、精密量具的平面等。它分为有槽的和光滑的两种，前者用于粗研，后者用于精研，如图10-6所示。

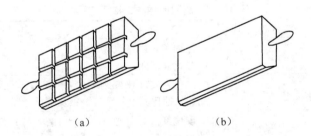

（a）　　　　　　　　　（b）

图 10-6　研磨平板
（a）有槽平板；（b）光滑平板

（三）研磨环

研磨环主要用来研磨套类工件的内孔，研磨环分固定式和可调节式两种，如图10-7所示。固定式制造容易，但磨损后无法补偿，多用于单件工件或机修当中。可调节式尺寸可在一定范围内调整，其寿命较长。适用于成批生产中工件孔的研磨，应用较广泛。

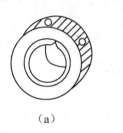 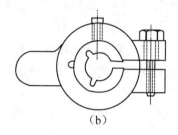

（a） （b）

图 10 - 7 研磨环

（a）固定式；（b）可调节式

三、研磨剂

研磨剂是由磨料、研磨液和辅料调和而成的混合剂。

（一）磨料

磨料在研磨中起切削作用，研磨工作的效率、工件的精度和粗糙度都与磨料有密切的关系，常用磨料有以下几种，见表 10 - 4 所示。

表 10 - 4 磨料的种类、特征与用途

系列	磨料名称	代号	特性	适用范围
氧化铝	棕刚玉	A	棕褐色，硬度高，韧性好，价格低	粗、精研铸铁及黄铜
	白刚玉	WA	白色，硬度比棕刚玉高，韧性比其差	精研磨淬火钢、高速钢及有色金属
	铬刚玉	PA	玫瑰红或紫红色，韧性大	研磨各种钢件、量具、仪表工具等
	单晶刚玉	SA	淡黄色或白色，硬度和韧性比白刚玉高	研磨不锈钢、高钒高速钢等强度高，韧性大的材料
碳化物	黑碳化硅	C	黑色，硬度比白刚玉高，脆而锋利导电良好	研磨铸铁、黄铜、铝、耐火材料及非金属材料
	绿碳化硅	GC	绿色，硬度和脆性比黑碳化硅高	研磨硬质合金，硬铬，宝石，陶瓷，玻璃等
	碳化硼	BC	灰黑色，硬度仅次于金刚石	精研和抛光硬质合金、人造宝石等硬质材料

续表

系列	磨料名称	代号	特性	适用范围
金刚石	天然金刚石	JT	硬度最高，价格昂贵	精研和超精研硬质合金
	人造金刚石	JR	无色透明或淡黄，硬度好，比天然金刚石脆，表面粗糙	粗、精研硬质合金和天然宝石
软磨料	氧化铁		红色至暗红色，比氧化铬软	精研或抛光钢，铸铁，玻璃，单晶硅等材料
	氧化铬	PA	深红色，硬度高，切削力强	

（二）研磨液

研磨液在研磨中起调和磨料、冷却和润滑作用。常用的研磨液用煤油、汽油、10 号与 20 号机油、工业用甘油、透平油及熟猪油等。

（三）辅助配剂

在磨料和研磨液中加入适量的石蜡、蜂蜡等填料以及黏性较大而氧化作用强的油酸、脂肪酸、硬脂酸和工业甘油等，即可配成研磨剂。一般工厂采用成品研磨膏，使用时，加机油稀释即可。

四、研磨方法

（一）平面研磨

平面研磨一般分为粗研和精研两个阶段，分别使用带槽平板和光滑平板进行。

1. 一般平面研磨

如图 10-8 所示，研磨前，先清洗待研磨表面并擦干，再在研磨平板上涂上适当的研磨剂，要求涂得薄而均匀，然后再将工件研磨面扣合其上施加一定的压力进行研磨，研磨时，可按螺旋形轨迹或"8"字形轨迹进行。

2. 狭窄平面研磨

如图 10-9 所示，为防止研磨平面产生倾斜和圆角，在运动中产生摆动，常用金属靠铁靠住，使靠铁的靠紧面与底面保持垂直，提高稳定性。

图 10-8　一般平面研磨　　　　　图 10-9　狭窄平面研磨

如图 10-10 所示，当工件数量较多时，则应采用 C 型夹头，将几个工件夹在一起研磨，这样能有效地防止倾斜。

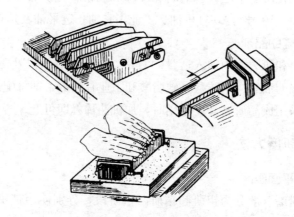

图 10-10　较多工件的研磨

（二）圆柱面研磨

圆柱面研磨的方法有纯手工研磨和机械与手工配合研磨两类。

1. 纯手工研磨

纯手工研磨时，将工件外圆柱面涂敷一层薄而均匀的研磨剂，然后装入研具孔内，调整好间隙，然后使工件做正、反两方向转动的同时，又做相对轴向运动。

2. 机械配合手工研磨

此方法是将工件装夹在机床主轴上并做低速转动，手握研具做轴向往复运动进行研磨。采用此方法时，应使研具往复运动与工件转速相协调，检查方法是使工件上研磨出来的网纹与工件中心线成 45°的夹角，研具往返移动的速度不应过快或过慢，如图 10 - 11 所示。

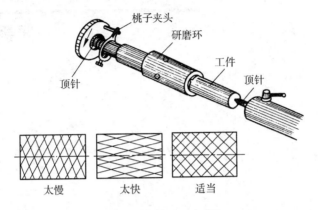

图 10 - 11 外圆研磨速度

（三）圆锥面研磨

如图 10 - 12 所示，研磨圆锥面时，必须使用与工件锥度一致的研磨棒或研磨环，而且锥度要磨得准确。圆锥孔的研磨，一般在钻床或车床上进行，研磨棒转动方向应与螺旋槽旋向一致。研磨时，研磨棒上均匀地涂上研磨剂，放入工件，在旋转的同时，应不断地作稍微拔出和推入运动，反复进行研磨。有些工件表面是利用彼此接触面进行研磨来达到密封的目的，不需要用研磨棒和研磨环。

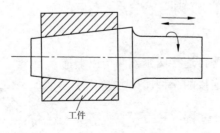

图 10 - 12 圆锥面研磨

课题 11

铆接与黏接

◎第一节　铆接
◎第二节　黏接

目前，在很多零件连接中，铆接已被焊接代替，但因铆接具有操作简单、连接可靠、抗振和耐冲击等特点，所以在机器和工具制造等方面仍有较多的应用；而黏接工艺操作方便，连接可靠，目前在机械设备修复和新设备制造领域中应用广泛，特别是黏接密封技术应用更为普遍。

第一节　铆　　接

铆接是利用铆钉连接两个或两个以上连接件而形成固定连接的一种连接方式。

一、铆接的过程

铆接过程如图 11 - 1 所示，将铆钉插入被铆接工件的孔内，铆钉头紧贴工件表面，

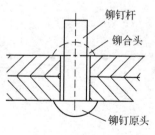

图 11 - 1　铆接过程

然后将铆钉杆的一端镦粗成为铆合头。

二、铆接的种类

1. 按铆接使用要求分

（1）活动铆接。活动铆接的结合部分可以相互转动，如内外卡钳、划规等。

（2）固定铆接。固定铆接的结合部分是固定不动的。这种铆接按用途和要求不同，还可以分为强固铆接、强密铆接和紧密铆接。

2. 按铆接方法分

（1）冷铆接。铆接时，铆钉不需加热，直接镦出铆合头。冷铆接对铆钉的材质和铆装质量要求很高。冷铆要求材料具有较高的延展性，且直径在 8 mm 以下的铆钉，才可采用冷铆方法铆接。

（2）热铆接。热铆时，将铆钉杆或杆的端头加热到一定的温度后，再进行铆接。热铆是属力锁紧铆接，铆接时需压力小，铆合头容易成型，但由于冷缩现象，铆钉杆不易将铆钉孔填满。因此，只适用于 8 mm 以上钢制铆钉的铆接。

（3）混合铆。混合铆是指在铆接时，只把铆钉的铆合头端部加热。对于细长的铆钉，采用这种方法，可以避免铆接时铆钉杆的弯曲。

三、铆钉的种类

铆钉按形状、用途和材料不同可分半圆头铆钉、沉头铆钉、平头铆钉、半圆沉头铆钉、空心铆钉和抽芯铆钉等，如图 11-2 所示。

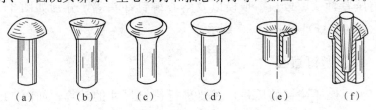

（a）　　　（b）　　　（c）　　　（d）　　　（e）　　　　（f）

图 11-2　铆钉的种类
（a）半圆头铆钉；（b）沉头铆钉；（c）平头铆钉；
（d）半圆沉头铆钉；（e）空心铆钉；（f）抽芯铆钉

制造铆钉的材料要有好的塑性，常用的铆钉材料有软钢、黄铜、紫铜和铝等，选用铆钉材料应尽量和铆接件的材料相近或一致。

四、铆接的形式

铆接连接的基本形式是由零件相互结合的位置所决定的，主要有三种形式：搭接，如图 11 - 3 （a）所示；对接，如图 11 - 3 （b）所示；角接，如图 11 - 3 （c）所示。

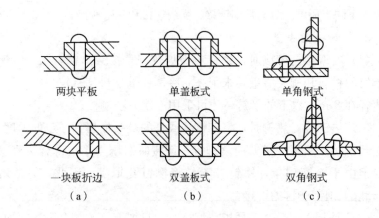

两块平板　　　　单盖板式　　　　单角钢式

一块板折边　　　　双盖板式　　　　双角钢式

（a）　　　　　　　（b）　　　　　　　（c）

图 11 - 3　铆接形式

（a）搭接；（b）对接；（c）角接

五、铆接工具

铆接方法有手工铆接和机械铆接两大类，其中手工铆接常用的工具有压紧冲头、罩模、顶模以及空心铆钉冲头等，分别如图 11 - 4 （a）、（b）、（c）和图 11 - 5 所示。

六、铆钉直径

为了保证铆钉的质量，还要进行铆钉尺寸的计算，如图 11 - 6 所示。

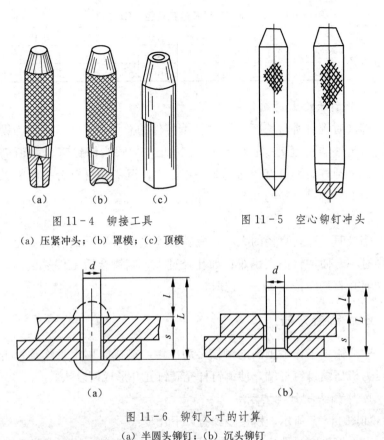

图 11 - 4　铆接工具

（a）压紧冲头；（b）罩模；（c）顶模

图 11 - 5　空心铆钉冲头

图 11 - 6　铆钉尺寸的计算

（a）半圆头铆钉；（b）沉头铆钉

1. 铆钉直径 d 的确定

（1）铆钉直径的大小与被连接板的厚度、连接形式以及被连接板的材料等多种因素有关。当连接板材厚度相同时，铆钉直径等于板厚的 1.8 倍；当连接板材厚度不同时，铆钉直径取最小板厚的 1.8 倍。

（2）铆接时，铆钉与铆钉孔的配合必须适当，铆钉孔比铆钉杆的尺寸稍大些，铆钉孔直径可根据铆接场合的不同在计算后按表 11 - 1 圆整。

表 11-1　标准铆钉直径及通孔直径（GB 152—1976）　　　mm

公称直径		2.0	2.5	3.0	4.0	5.0	6.0	8.0	10.0
通孔直径	精装配	2.1	2.6	3.1	4.1	5.2	6.2	8.2	10.3
	粗装配	2.2	2.7	3.4	4.5	5.6	6.6	8.6	11

2. 铆钉长度 L 的确定

铆接时铆钉所需长度 L 除了被铆接件的总厚度 s 外，还要为铆合头留出足够的长度 l，即 $L=s+l$。因此，半圆头铆钉铆合头所需长度，应为圆整后铆钉直径的 $1.25\sim1.5$ 倍；沉头铆钉铆合头所需长度应为圆整后铆钉直径的 $0.8\sim1.2$ 倍。

3. 通孔直径 D 的确定

铆接时，通孔直径的大小，应随着连接要求不同而有所变化。如孔径过小，使铆钉插入困难；如孔径过大，则铆合后工件易松动，合适的通孔直径应按表 11-1 选取。

七、铆接方法

一般钳工工作范围内的铆接多为冷铆。铆接时用工具连续锤击或用压力机压缩铆钉杆端，使铆钉杆充满钉孔并形成铆合头。

1. 半圆头铆钉铆接方法

如图 11-7 所示，铆接步骤有以下几步：

(1) 铆钉穿过孔后，用顶模顶稳铆钉半圆头部，用压紧冲头把被铆接件压实，如图 11-7（a）所示。

(2) 用手锤敲击铆钉杆伸出部分使其镦粗，如图 11-7（b）所示。

(3) 用手锤敲打四周并成形，如图 11-7（c）所示。

(4) 用罩模修整铆合头，如图 11-7（d）所示。

2. 沉头铆钉的铆接方法

如图 11-8 所示，铆接步骤有以下几步：

(1) 把铆接件彼此贴合，按划线钻孔，孔口锪 90°沉头孔，铆钉插入孔内，如图 11-8（a）所示。

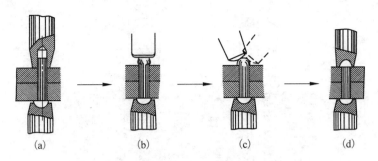

图 11-7 半圆头铆钉铆接过程

(a) 步骤一；(b) 步骤二；(c) 步骤三；(d) 步骤四

(2) 铆钉穿孔后，放在支承好的砧铁上，在正中作两面镦粗，如图 11-8 (b) 所示。

(3) 先铆一个面，然后再铆另一个面，如图 11-8 (c) 所示。

(4) 锉平高出的部分，如果用现成沉头铆钉铆接，则只要将一端材料铆打平即可，如图 11-8 (d) 所示。

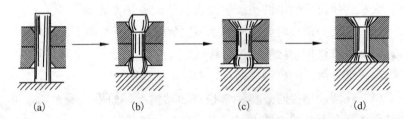

图 11-8 沉头铆钉铆接过程

(a) 步骤一；(b) 步骤二；(c) 步骤三；(d) 步骤四

3. 空心铆钉的铆接方法

如图 11-9 所示，铆接步骤有以下几步：

(1) 将空心铆钉穿孔，并垫好下端铆钉头，用手锤敲击打样冲，使上端撑开，与铆接件接触，如图 11-9 (a) 所示。

(2) 用圆凸冲头铆合成型，要轻轻敲打几次，以免过猛而出现裂纹，如图 11-9 (b) 所示。

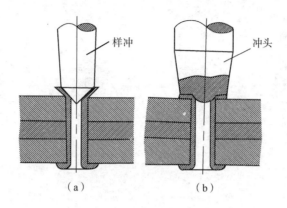

图 11-9　空心铆钉铆接过程

（a）步骤一；（b）步骤二

八、铆接的注意事项

（1）铆接前要将长度计算好，如伸出部分的长度为短，铆不成半圆，太长会使铆接的半圆头产生涨边现象，最好要试铆。

（2）半圆头铆接时，顶模、罩模要放正，防止半圆头面变形。

（3）应严格按铆接顺序进行铆接。

（4）铆合面之间接触应贴合，铆后应无缝隙。

（5）在活动铆接时，要经常检查活动情况，如果发现太紧，可把铆钉原头垫在有孔的垫铁上，锤击铆合头，使其活动。

（6）用罩模在前后左右摇动铆合时，应防止罩模接触垫片表面，敲出印痕，破坏外形。

（7）在进行沉头铆接时，注意不要损伤加工表面。

第二节　黏　　接

黏接就是用黏合剂把不同材料或相同材料按连接要求牢固地连接在一起的工艺方法。

一、黏接技术的特点

1. 黏接的优点

（1）黏接力较强，可黏接各种金属或非金属材料，对钢铁的最高黏接强度可达 75 MPa。

（2）黏接中无需高温，不会有变形，也不会退火和氧化。

（3）工艺简便、检修容易、成本低，适于现场施工。

（4）黏缝有良好的化学稳定性和绝缘性，不同的金属间均可黏接，不会形成腐蚀电池。

2. 黏接的缺点

（1）耐温不是很高，有机胶接剂一般只能在 150 ℃ 下长期工作，无机胶接剂可耐 700 ℃ 高温。

（2）抗冲击性能差，胶层容易老化变质。

（3）黏接强度达不到焊接的水平。

3. 应用范围

（1）胶接和黏补零、部件的裂纹、破碎的部位等。

（2）填补铸件砂眼。

（3）用于对间隙、过盈配合表面或磨损面的尺寸恢复的黏接。

（4）连接面的密封补漏、防松紧固。

（5）以胶接代螺栓连接，以及以黏代铆、焊、夹，用以简化机构，提高装修工艺。

二、常用胶黏剂的种类特点及应用

常用胶黏剂的种类特点及应用见表 11-2 所示。

表 11-2　常用胶黏剂的种类特点及应用

种类	特点	应用
环氧树脂胶黏剂	（1）胶黏剂既可胶接金属材料，又可胶接非金属材料。高温固化，抗剪强度可达 25 MPa。室温固化，抗剪强度可达 15 MPa。胶接面的抗拉强度达 45～70 MPa，抗弯强度达 90～120 MPa	（1）用于飞机制造业及各机械专业的金属与金属、合金之间及玻璃纤维增强塑料之间的胶接（2）用于对出土文物的修复，地下工程的密封等

种类		特点	应用
环氧树脂胶黏剂		（2）工艺性良好，易与固化剂等混合，便于工艺操作 （3）固化后收缩性小，一般小于2% （4）稳定性良好，既耐酸碱，又耐许多有机溶剂的腐蚀 （5）良好的耐热性，固化后能在100 ℃以上长期使用，特殊树脂可在200 ℃以上长期使用 （6）有良好的电绝缘性能	
酚醛树脂胶黏剂	酚醛—丁腈胶黏剂	耐化学药品、油、燃料和溶剂，并有较高的使用温度，在短期的使用温度高达380 ℃	（1）在飞机制造业中用于胶接各种材料 （2）在汽车制造业中用于胶接摩擦片衬垫等
	酚醛—氯丁胶黏剂	耐热性较通用酚醛树脂低	一般不作结构胶粘剂使用，主要用于金属、玻璃、橡胶、织物、聚氯乙烯材料等的胶接
	酚醛—尼龙胶黏剂	有良好的耐油性，但耐水性较差	能与热固性酚醛树脂并用

三、几种实用黏接剂的牌号、性能及用途

几种实用黏接剂的牌号、性能及用途见表 11 - 3 所示。

表 11 - 3　几种实用黏接剂的牌号、性能及用途

牌号	主要性能	主要用途
SA102型快胶黏剂	本胶分甲、乙两组分，按1：1比例（体积）混合使用，被黏接物不需严格处理、可用砂纸打磨无需脱脂，常温下即可黏接，15～30 min 固化，－60 ℃～120 ℃以内可以使用	对钢、铁、铝、钛、不锈钢、碳酸脂、聚氨酯、有机玻璃、聚苯乙烯、聚氯乙烯、碳素纤维、陶瓷、骨类、水泥、木材等，同种或异种金属与非金属之间黏接更佳，例如用在波浪键的黏接上

牌号	主要性能	主要用途
WM-58 耐高温密封胶	耐有机溶剂、合成油、气体等，工作温度－100 ℃～810 ℃，将接合面处理干净涂上薄薄一层胶液后立即装配，空气中自行干固，即可达到良好密封效果	主要用于农机、车辆、化工机械、航空等部门的金属、非金属的平面与螺纹结合处密封，而且不腐蚀金属
501 胶	流动性好，室温快速固化，使用温度－50 ℃～70 ℃，钢—钢室温固化抗剪强度≥20 MPa，抗拉强度≥25 MPa	用于金属与非金属需快速固化的零件，不宜长期接触酸碱和水
520 胶	流动性好，室温快速固化，使用温度－40 ℃～＋70 ℃，黏接后 24h 可达最高强度，碳钢的黏接抗剪强度≥10 MPa，抗拉强度≥25 MPa，对碱性物无黏接作用	黏接各种金属、玻璃（除聚乙烯、氟塑料及一些合成橡胶外）和一般橡胶
403 胶	为合成橡胶溶剂型胶黏剂，使用时可涂两次胶，可提高其强度	用于橡胶、金属与橡胶等黏接
107 胶	无色透明，无腐蚀胶体，黏接牢固，与水泥沙浆合用可增加其黏接强度	黏接纸张、黏贴木器、塑料贴面，与石灰乳混用粉刷室内有光泽不掉粉
乳胶	漆膜坚固，耐擦洗，色彩柔和，无毒、无味、不燃耐水、抗碱、附着力强，遮盖力好	是一种乳白色涂料，可适用于室内、室外装饰涂刷不掉粉
白胶	使用方便，贮存期长。无毒，对弱酸、弱碱无多大影响	用于纸张、木材、皮革、泡沫塑料、纤维板等黏合，适量加入

四、黏接的基本工艺

(一)黏接时的接头形式

合理的接头形式是保证粘接强度的关键因素,接头形式的选择主要考虑被黏接材料在黏接后的受力情况,黏接时常见的接头形式有平面接头、槽接头和套接头等三种基本类型,下图是常见黏接材料的接头形式。

(1)板料的接头形式,如图11-10所示。

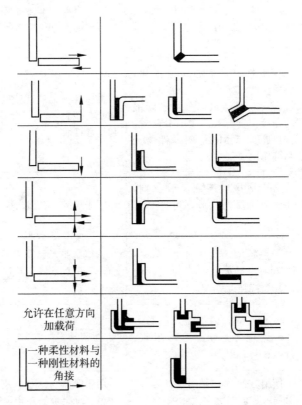

图11-10 板材的常见接头形式(箭头表示受力方向)

(2)管材的接头形式,如图11-11所示。

(3)轴类零件的接头形式,如图11-12所示。

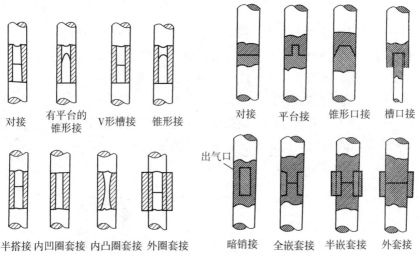

对接　　有平台的　　V形槽接　锥形接　　　对接　　平台接　锥形口接　槽口接
　　　　锥形接

半搭接　内凹圈套接　内凸圈套接　外圈套接　　暗销接　全嵌套接　半嵌套接　外套接

出气口

图 11-11　管材的接头形式　　　图 11-12　轴类零件的接头形式

（二）黏接表面的处理

黏接时，被黏接材料表面的油迹、锈迹及平整情况，对黏接强度和效果有很大影响，因此在黏接之前必须先进行黏接表面的处理工作。

1. 表面除油

（1）有机溶剂除油。常用的有机溶剂有汽油、煤油、三氯乙烯、四氯化碳以及酒精等，其中汽油的应用最为广泛。

（2）手工除油是用毛刷或抹布蘸上除油剂，在零件表面上刷擦除油方式，主要用于大型零件或光亮电镀零件。

（3）化学除油是利用化学制剂的化学作用将油脂分离的方法，常用的化学制剂有 NaOH、Na_2CO_3、Na_3PO_4、$12H_2O$ 以及 OP 乳化剂等。

（4）电解除油。电解除油有阳极除油和阴极除油两种。对弹性大、强度高和薄壁零件，一般采用阳极除油；对其余零件一般先进行阴极除油 5～7 min，然后进行阳极除油 2～3 min。

2. 表面除锈

（1）机械法除锈。常用的方法有喷砂、刷光、抛光、磨光以及滚光等。

（2）化学腐蚀法除锈。利用化学药品对金属材料的腐蚀性进行表面除锈，其中黑色金属的腐蚀剂有盐酸、硫酸、铜以及合金的酸洗液主要有盐酸、硫酸（10％～15％），时间通常为 30～60 s。

（三）选择合适的施胶工艺

施胶的方法有刷涂法、喷涂法、滚涂法、浸涂法等，施胶工艺分为顺向法、反向法、交叉法、点涂法和线涂法等。

（1）点涂法，如图 11-13 所示。

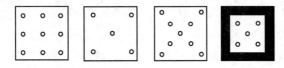

图 11-13　点涂法

（2）线涂法，如图 11-14 所示。

图 11-14　线涂法

课题 12

装配和修理知识

　　机械产品一般由许多零件和部件组成，按规定的技术要求，将若干零件结合成部件或若干个零件和部件结合成机器的过程称为装配。

第一节　装配工艺规程

　　装配工艺规程是指规定装配部件和整个产品的工艺过程，以及该过程中所使用的设备和工、夹、量具等的技术文件。

一、装配工艺规程的作用

　　装配是产品生产过程中的最后一道工序。装配工艺规程是指导装配施工的主要技术文件之一，产品质量的好坏除了取决于零件的加工质量，还取决于装配质量。而对金属切削机床来说，装配质量好就能满足加工的各项精度要求，使装配工作顺利进行，降低成本，增加经济效益。

二、装配工艺包括以下四个过程

产品的装备工艺包括以下四个过程。

1. 装配前的准备工作

（1）熟悉装配图纸上的技术要求，了解产品的结构、零件的作用，以及相互连接关系。

（2）确定装配的方法和程序，并准备好所需工具。

（3）对装配零件进行清洗，去掉零件上的毛刺、锈斑、切屑、油污，然后涂一层润滑油。

（4）对要求修配的零件进行修配，有些特殊要求的零件进行平衡试验和压力试验。

2. 装配工作

一般来说，对于较为复杂的产品，其装配工作常分为部件装配和总装配。

（1）部件装配是指在进入总装配之前，由两个以上零件或几个组件结合在一起，成为一个装配单元的工作。

（2）总装配是指将零部件结合成一台完整产品的装配工作。

3. 调整、检验和试车

（1）调整工作指调节零件或机构的相互位置、配合间隙、集合程度等，使机器工作更为协调。

（2）检验主要包括机器和机构的几何精度和工作精度。

（3）试车是试验机构和机器运转的灵活性、振动情况、工作温度、噪音、转速、功率等参数是否符合要求。

4. 喷漆、涂油、装箱

机器装配之后，为了使其美观、防锈和便于运输，还要做好喷漆、涂油和装箱工作。

三、常用的装配方法

装配精度取决于零件制造公差，如零件制造精度过高，则制造成本高。为正确处理装配精度与零件制造精度之间的关系，可采用以下几种不同的装配方法。

（一）完全的装配方法

在同类零件中，任取一个装配零件，不经修配即可装入部件中，且能满足规定的装配要求，这种装配方法，零件磨损后便于更换，适用于大批量产品生产和组织流水线装配。

（二）选择装配法

将一批零件测量后，严格按公差范围分成几组，然后将对应的各组配合件进行装配以达到要求的装配精度。但选配好的零件必须做好记号，以免搞错。这种方法可提高装配精度，较低成本，但可能造成产品和零件积压。

（三）修配装配法

装配时修去指定零件上预留修配量以达到装配精度的装配方法。通过修配得到装配精度，可降低零件制造精度，但是生产周期过长，对工人技术要求较高，适用于单件和小批量的生产以及装配精度高的场合。

（四）调整装配法

装配时调整某一零件的位置和尺寸以达到装配精度的装配方法。一般采用斜面、锥面、螺纹等移动可调整件的位置，采用调换垫片、垫圈、套圈等控制调整件的尺寸。这种方法便于维护与修理，能达到较高的装配精度，但对于工人的技术要求较高，如果调整不好，会影响机器的性能和使用寿命。

四、装配工件的组织形式

装配工件的组织形式随着生产类型和产品的技术要求而不同。机器制造的生产类型及装配的组织形式如下：

（一）单件生产时装配组织形式

单件生产时，产品不重复（如新产品试制、模具和夹具制造等），产品全部装配工作都在一定的固定工作地点，由一个工人或一组工人去完成。这样的组织形式装配周期长、生产效率低、对工人的技术要求较高。

（二）成批生产时装配组织形式

成批生产时，装配工作通常分为部件装配和总装配。部件由一个工人或一组工人来完成，然后进行总装配，一般用于较复杂的产品，如机床，飞机等的制造。

（三）大量生产时装配组织形式

在大量生产中，把产品的装配过程划分为部件、组件装配。每一个工序只有一个工人或一组工人来完成，只有当所有的工人都按顺序完成自己负责的工序后，才能装配出产品。通常把这种装配组织形式叫流水装配法。流水装配法广泛采用互换性原则，因此装配质量好，生产效率高，是一种先进的装配组织形式。

第二节　固定连接的装配

固定连接是装配中最基本的一种装配方法，常见的固定连接有螺纹连接、键连接、销连接和管道连接等。

一、螺纹连接装配

螺纹连接是一种可拆卸的固定连接。它结构简单、连接可靠、装拆方便、成本低廉，因而在机械产品中应用非常普遍。

（一）螺纹旋具

1. 螺钉旋具

一般螺钉旋具的工作部分用碳素工具钢制成，并经淬火处理，主要用来装拆头部开槽的螺钉。图 12-1 所示有常用的一字旋具、十字旋具、快速旋具和弯头旋具等。

2. 扳手

扳手是用来旋紧六角形螺钉，正方形螺钉及各种螺母。常用工具

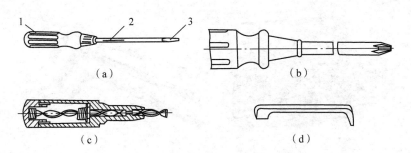

图 12-1　螺钉旋具

（a）一字旋具；（b）十字旋具；（c）快速旋具；（d）弯头旋具

1—把柄；2—刀体；3—刀口

钢，合金钢或可锻铸铁制成，开口处要求光整、耐磨，分为通用、专用、特殊三类。

（1）通用扳手（如图 12-2 所示）也称为活动扳手，使用时应让固定钳口承受主要作用力，否则容易损坏扳手。扳手长度不可随意加长，以免拧紧力矩过大而损坏扳手或螺母。

图 12-2　通用扳手

（2）专用扳手（如图 12-3 所示）只能拆装一种规格的螺母或螺钉。根据其用途不同常用的可分为成套套筒扳手（a）图、内六角扳手（b）图、呆扳手（c）图、整体扳手（d）图等。

（3）特殊扳手是根据某些特殊需要制造的，如图 12-4 所示的棘轮扳手，不仅使用方便，而且效率较高。

（二）螺纹连接装配的技术要求

（1）保证一定的拧紧力矩，使螺纹连接可靠和紧固，拧紧螺纹时，使纹牙间产生足够的预紧力。

（2）螺纹连接要有可靠的防松装置，防止在冲击、震动或交变载

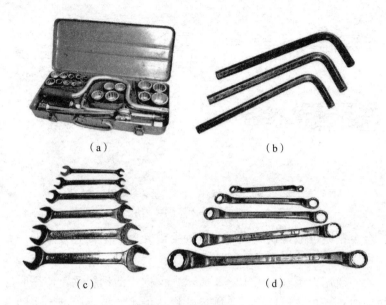

图 12 - 3　专用扳手

(a) 成套套筒扳手；(b) 内六角扳手；(c) 呆扳手；(d) 整体扳手

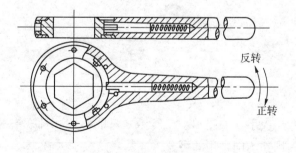

反转

正转

图 12 - 4　棘轮扳手

荷下螺纹连接松动，螺纹连接一般都具有自锁性。

（3）保证螺纹连接的配合精度。

（三）螺纹连接装配

1. 双头螺柱的装配要求

（1）应保证双头螺柱与机体螺纹的配合有足够的紧固性，保证在装拆螺母过程中，无任何松动现象。为此，可留有过盈量；也可采用阶台形式紧固在机体上（如图 12 - 5 所示）；有时还可以采用螺纹最后几圈牙形沟槽浅一些，以达到紧固性的目的。

（2）双头螺柱的轴心线必须与机体表面垂直。为保证垂直度，可采用90°角尺检验，当垂直度误差要求较小时，可将螺孔用丝锥矫正后再装。

（3）装入双头螺柱时，必须用油润滑，以免旋入时产生咬住现象，也便于以后的装拆卸。

（4）常用的拧紧双头螺柱方法有：用两个螺母拧紧（如图 12 - 6 所示）、用长螺母拧紧（如图 12 - 7 所示）和用专用工具拧紧（如图12 - 8所示）等。

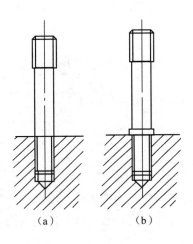

图 12 - 5 双头螺柱的紧固形式
（a）过盈的配合；（b）带台阶的紧固

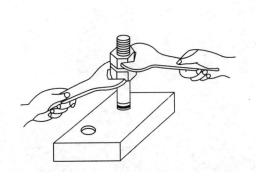

图 12 - 6 用两个螺母拧紧双头螺柱

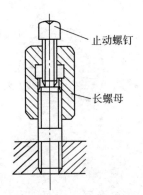

止动螺钉

长螺母

图 12 - 7 用长螺母拧紧双头螺柱

2. 螺母和螺钉的装配要点

（1）螺杆不产生弯曲变形，螺钉头部、螺母底面应与连接件接触良好。

（2）被连接件应受力均匀，互相贴合，连接牢固。

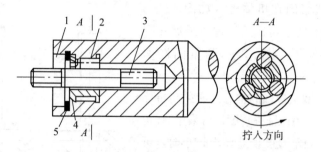

图 12-8　用专用工具拧紧双头螺柱

（3）如图 12-9 所示，拧紧成组螺母时，需按一定顺序逐次拧紧。拧紧原则一般为从中间向两边对称扩展。

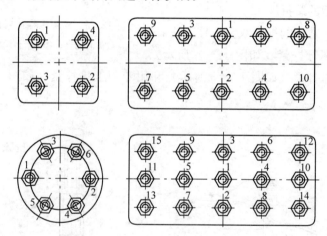

图 12-9　拧紧成组螺母的顺序

3. 安装防松装置

螺纹连接用于有震动或冲击场合时会发生松动，为防止螺母或螺钉松动的现象，就必须采用可靠的防松装置。常用的防松方法有：用双螺母防松（如图 12-10 所示）、用弹簧垫圈防松（如图 12-11 所示）、用开口销与带槽螺母防松（如图 12-12 所示）、用

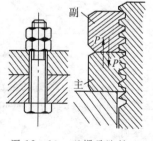

图 12-10　双螺母防松

止动垫圈防松（如图 12-13 所示）等几种。

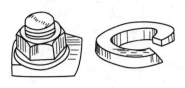

图 12-11 弹簧垫圈防松

图 12-12 开口销与带槽螺母防松

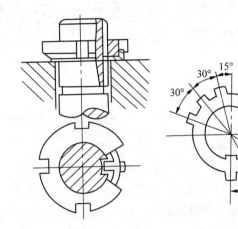

图 12-13 止动垫圈防松

二、键连接的装配

键连接是将轴和轴上零件通过键在圆周方向上固定，以传递转矩的一种装配方法。它具有结构简单、工作可靠和装拆方便等优点，因此在机械制造中获得广泛应用。根据结构特点和用途不同，键连接可分为松键连接、紧键连接和花键连接三大类。

（一）松键连接的装配

松键连接是靠键的侧面来传递转矩的，对轴上零件作圆周方向固定，不能承受轴向力。松键连接所采用的键有普通平键、半圆键、导向平键、滑键等，如下图 12-14 所示。

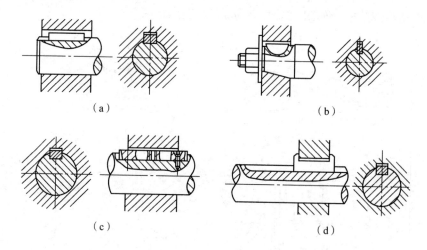

图 12 - 14　松键连接

（a）普通平键连接；（b）半圆键连接；（c）导向平键连接；（d）滑键连接

松键的装配要点如下：

（1）清除键及键槽上的毛刺，以防影响配合的正确性。

（2）装配前应检查键的直线度，键槽对轴心线的对称度及平行度。

（3）只能用键的头部与键槽试配，以防键在键槽内嵌紧不易取出。

（4）锉配较长键时，允许键与键槽在长度方向上有 0.1 mm 的间隙。

（5）在配合面上加机油后。将键压装入轴槽中，并与键槽底接触良好。

（6）试配并安装套件（齿轮，带轮等）时，键与键槽的配合面应留有间隙，使轴与套件达到同轴度要求。

（二）紧键连接的装配

紧键连接主要指楔键连接。如图 12 - 15 所示，其上表面斜度一般为 1∶100。

紧键的装配要点如下：

（1）装配楔键时，可用涂色法检查键的上下表面与轴槽的接触情况。

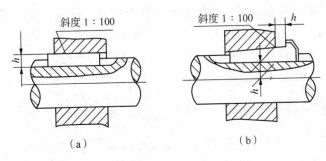

图 12-15 契键连接

（a）普通楔键；（b）钩头楔键

（2）若接触不好，可用锉刀或刮刀修整键槽。

（3）合格后，轻敲紧键入内，使套件周向、轴向紧固可靠。

（三）花键连接的装配

如图 12-16 所示，花键连接具有承载能力高，传递转矩大，同轴度高和导向性好等优点。适用于大载荷和同轴度要求较高的传动机构中，但制造成本较高。

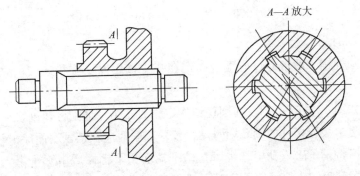

图 12-16 花键连接

花键的装配要点如下：

（1）静花键连接时套件应在花键轴上固定，过盈量小时，可用铜棒敲下，若过盈量较大，可用热胀冷缩原理，将套件（花键孔）加热到 80 ℃～120 ℃后再进行装配。

（2）动花键连接时应保证正确的配合间隙，使套件在花键轴上能自由滑动，用手摆动套件时，不应感觉有明显的周向间隙。

（3）对经热处理后的花键孔，应用花键推刀修整后再进行装配。

（4）装配后的花键副，应检查花键轴与套件的同轴度和垂直度。

三、销连接的装配

如图 12-17 所示，销连接的主要作用是定位、连接或锁定零件，有时还可以作为安全装置中的过载剪断元件，其连接可靠、拆装方便，故应用较广泛，其中用得最多的是圆柱销及圆锥销。

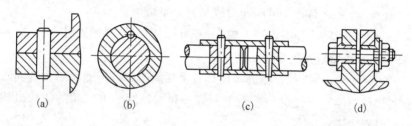

图 12-17　销连接

（a）定位作用；（b）、（c）连接作用；（d）保险作用

1. 圆柱销的装配

圆柱销一般依靠过盈配合固定在孔中，用以定位和连接，故不易多次装拆。

如图 12-18 所示，在圆柱销作定位时，为保证配合精度，通常需要将两个被连接件的销孔同时钻、铰。装配时应在销子表面涂上机油，用铜棒将销子敲入孔中；也可在销子端面垫上铜棒后由锤子击入。对于装配精度要求高，不能用锤子或铜棒敲入的定位销，可用 C 形夹头把销子压入孔中。这样能避免销子变形或工件位移，如图 12-19 所示。

2. 圆锥销的装配

标准的圆锥销具有 1:50 的锥度，它定位准确，可多次拆装。圆锥销装配时，被连接的两孔也应同时钻、铰出来，孔径大小以销子自由插入全长的 80％～85％为宜，然后用铜棒敲入，销子的大头与被连接件表面平齐。

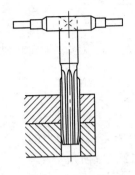
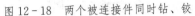

图 12-18　两个被连接件同时钻、铰

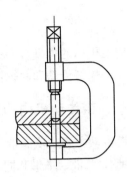

图 12-19　用 C 形夹头压定位销

四、过盈连接的装配

过盈连接是依靠轴和孔的过盈量达到连接的目的。装配后，由于材料的弹性变形，使轴和孔的配合面间产生压力，工作时，由此压力产生摩擦力传递扭矩、轴向力。常用的过盈连接方法有压入法、热胀法、冷缩法三种。

1. 压入法

过盈量较小的配合件，可以用手锤加垫块冲击压入或用压力机压入。

2. 热胀配合法

利用金属材料热胀冷缩的物理特性，将孔加热使孔径增大，然后将轴装入孔中。过盈量较小的连接件可放在沸水槽（80 ℃～100 ℃）和热油槽（90 ℃～320 ℃）中加热，过盈量较大的连接件可放在电阻炉或红外线辐射加热箱中加热。

3. 冷缩配合法

将轴进行低温冷却，使之缩小，然后与常温孔装配，得到过盈连接。常用的冷却方式是采用干冰和采用液氮进行冷却。

第三节　传动机构的装配

传动机构的类型较多，常见的有带传动、链传动、齿轮传动、螺旋传动、蜗杆传动和联轴器传动等。

一、带传动机构的装配

带传动主要是依靠带与带轮之间的摩擦力来传递动力的。常用的传动带有 V 带、平带和同步齿形带，如图 12 - 20 所示。

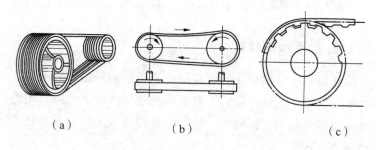

（a）　　　　　　　　（b）　　　　　　　　（c）

图 12 - 20　带传动机构

(a) V 带传动；(b) 平带传动；(c) 同步齿形带传动

1. 带传动机构的装配要点如下。

（1）严格控制带轮的安装位置，使带轮在轴上没有过大的歪斜。

（2）两带轮的中心平面应重合，其倾斜角和轴向偏移量不应过大。一般倾斜角不应超过 1°。

（3）带轮工作表面粗糙度要适当，过小容易脱落，过大则使带过快磨损。

（4）传动带的张紧力要适当，过小容易脱落，过大则使带过快磨损。

2. 带传动机构的装配方法

一般带轮与轴之间采用键或螺纹件等紧固件保证周向和轴向固定。

装配时，应先清除安装表面上的污物并涂上机油，装上键用手锤把带轮轻轻敲入，或用螺旋压入工具将带轮压到轴上。带轮装上轴后，要检查带轮的径向和端面圆跳动。

安装 V 形带时，应先将其套在小带轮的轮槽中，再套在大带轮上，然后边转动大带轮，边用螺钉旋具将带拨入大带轮槽中。

二、齿轮传动机构的装配

齿轮传动是机械中最常见的传动方式之一，它具有传动比恒定、变速范围大、传动效率高、结构紧凑和使用寿命长等优点。但它的制造及装配要求高，若质量不良，不仅影响使用寿命，而且还会产生较大的噪声。

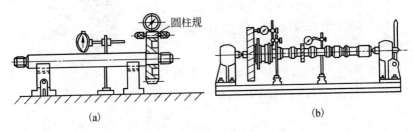

图 12-21　齿轮径向、端面圆跳动的检验

(a) 径向圆跳动；(b) 轴向窜动

1. 齿轮传动机构装配要点

（1）要保证齿轮与轴的同轴度精度要求，严格控制齿轮的径向圆跳动（如图 12-21 (a) 所示）和轴向窜动（如图 12-21 (b) 所示）。

（2）齿轮有准确的中心距和适当的齿侧间隙。

（3）保证滑动齿轮在轴上滑移的灵活性和准确的定位位置。

（4）检查齿轮的啮合质量，有足够的接触面积和正确的接触位置。

（5）对转速高，直径大的齿轮，装配前应进行平衡。

2. 齿轮传动机构的装配方法

齿轮传动的装配与齿轮箱的结构特点有关，打开齿轮箱，先将齿轮按要求装到轴上，然后将齿轮组件再装入箱内，用涂色法检验啮合齿轮的接触面积，进行必要修整，如果齿轮的传动精度要求高，则应检查径向和端面圆跳动误差，盖上齿轮箱上盖，对轴承进行固定、调整即可。

三、蜗杆传动机构的装配

蜗杆传动机构用来传递互相垂直的两轴之间的运动。这种传动机构具有传动比大、工作平稳、噪声小和自锁性强等特点。但其工作时发热量大，传动效率低，须有良好润滑条件，图 12－22 所示为蜗杆传动结构。

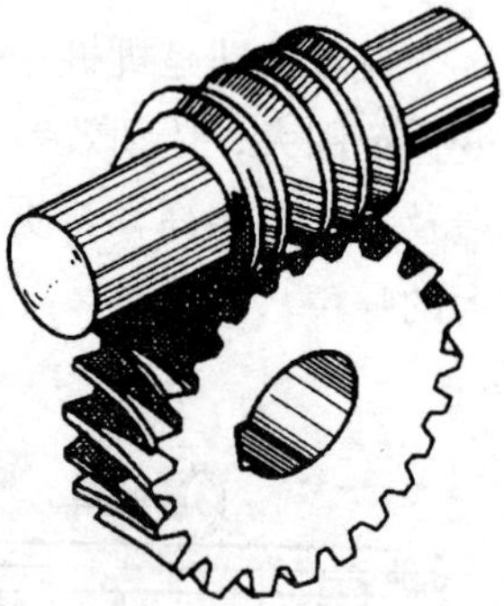

1. 蜗杆传动机构的装配要点

（1）蜗杆轴线与蜗轮的轴线垂直。

（2）蜗杆轴心线应在蜗轮轮齿的对称中心面内。

（3）蜗杆、蜗轮间的中心距一定要准确。

（4）有适当的齿侧间隙和正确的接触斑点。

图 12－22　蜗轮蜗杆传动

2. 蜗杆传动机构的装配方法

蜗杆与轴的装配方式与圆柱齿轮相同。一般先将蜗轮齿圈压入轮毂，然后用螺钉加以紧固，蜗轮装到轴上，接着将蜗轮组件装入箱体后，再装蜗杆，蜗杆的位置由箱体精度保证。蜗轮的轴向位置则根据蜗杆的轴心线，通过改变调整垫圈厚度的方法来调整。

蜗轮与蜗杆装配后的检查和调整，可用涂色法检验蜗轮的轴向位置及啮合印痕。而其齿侧间隙用铅丝或塞尺的方法测量很困难，一般用百分表来测量，在蜗杆轴上固定一带量角器的刻度盘，百分表测头抵在蜗轮齿面上。转动蜗杆，在百分表指针不动的条件下，刻度盘相对于固定指针的最大转角称空程角，空程角的大小反映出了侧隙的大小。

第四节　轴承的装配

轴承是支承轴或轴上旋转零件的部件，其种类很多，按轴承工作的摩擦性质可分为滑动轴承和滚动轴承；按受载荷的方向分有深沟球轴承、推力轴承和角接触球轴承等。

一、滑动轴承的装配

滑动轴承装配的主要技术要求是在轴颈与轴承之间获得合理的间隙，保证轴颈与轴承的良好接触，使轴颈在轴承中旋转平稳可靠。

（一）滑动轴承的结构特点

滑动轴承是一种滑动摩擦性质的轴承，其主要特点是工作平稳可靠、无噪声，能承受载荷和较大的冲击载荷，所以多用于精密、高速及重载的转动场合，如图 12 - 23 所示为剖分式滑动轴承的组成。

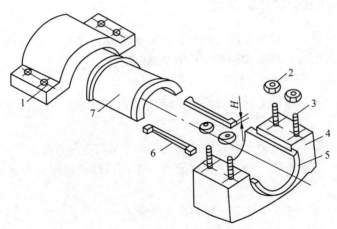

图 12 - 23　剖分式滑动轴承的零件组成

1—轴承盖；2—螺母；3—双头螺柱；4—轴承座；5—下轴瓦；6—垫片；7—上轴瓦

（二）滑动轴承的装配方法

1. 压入轴套

当尺寸和过盈量较小时，可用手锤加垫板将轴套敲入；当尺寸和过盈量较大时，则应用压力机把轴套压入机体中。压入轴套时应注意配合面清洁，并涂上润滑油。为了防止轴套歪斜，压入时可用导向环或导向心轴导向。

2. 轴套定位

在压入轴套后，按图样要求用紧定螺钉或定位销等固定轴套位置，以防轴套随轴转动。

3. 修整轴承孔

轴套壁薄易产生变形，因此，在压装后要用铰削、刮削或滚压等方法对轴套孔进行修整。

4. 轴套的检验

轴套修整后，作相互垂直方向的检验，可以测定轴套的圆度误差及尺寸。还要检验轴套孔中心线对轴套端面的垂直度，一般借助涂色法或塞尺来检查其准确性。

二、滚动轴承的装配

滚动轴承一般由外圈、内圈、滚动体和保持架组成。内圈和轴颈为基孔制配合，外圈和轴承座孔为基轴制配合。

1. 滚动轴承的装配要点

（1）滚动轴承上标有代号的端面应装在可见的方向，以便更换时查对。

（2）轴承装在轴上或壳体的孔上后，不应有歪斜现象。

（3）同轴的两个轴承中，必须有一个可以随轴热胀时有轴向移动的余地。

（4）装配过程中要防止异物进入轴承内。

（5）装配后的轴承运转灵活、噪声小、工作温度不超过 50 ℃。

2. 滚动轴承的装配方法

滚动轴承的装配方法应视轴承尺寸大小和过盈量来选择。一般滚动轴承的装配方法有锤击法（如图 12‑24 所示）、用螺旋或杠杆压力机压入法（如图 12‑25 所示）及热装法等。

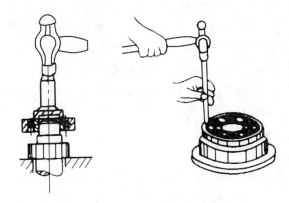

图 12‑24 锤击法装配滚动轴承

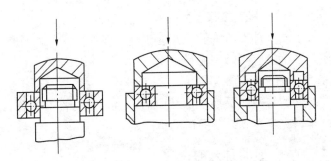

图 12‑25 压入法装配滚动轴承

第五节 修理基本知识

一、修理工艺过程

机械设备修理的工艺过程包括四个方面。

1. 修理前的准备工作

修理前的准备工作主要包括：

（1）调查和分析设备的损坏情况，并听取操作人员对设备修理的要求。对于某些故障的原因尚未清楚的，必须深入研究并制订出解决措施。

（2）熟悉有关的技术资料，查阅设备说明书和历次修理记录，对设备的工作原理、结构和性能都必须详细了解，并掌握修理的检验标准和各项技术要求。

（3）准备必要的工具。

2. 设备的拆卸

机械设备的种类和结构尽管不同，但都是由若干零部件按一定的顺序装配起来的，修理时的拆卸工作，实质上就是把它们有条理地分解出来，并且不造成零部件不该发生的损坏和不丧失设备的原有精度。

3. 零部件的修理和更换

将已拆下的零部件清洗后，要逐步进行仔细检查，查明磨损程度、磨损性质，并确定应当修理还是更换。

4. 装配、调整和试车

当零部件的修理或更换全部结束后，就可进行部装工作，并通过调整、试车，直至达到设备的运动指标。

二、设备磨损的基本概念

机械设备磨损可分事故磨损和自然磨损两类。事故磨损大多是人为造成的，包括设计、制造上存在问题，也包括使用维护不当而引起。自然磨损是在正常使用条件下，由于摩擦和化学等因素的长期作用而逐渐产生的磨损，它虽然不可避免，但磨损的快慢取决于各种因素的影响程度，因此与制造、装配、修理和使用维护等工作的好坏也有密切的关系。

自然磨损产生的原因主要有以下几种：

1. 由摩擦引起的磨损

两个活动表面上的凸峰互相挤压和剪切，使表层金属逐渐形成微粒剥落而磨损。显然，零件表面越粗糙，则磨损越严重。这种磨损是自然磨损中的最根本原因，此外，由于下列因素还将加剧因摩擦而引起的磨损。

（1）氧化磨损：空气中的氧气渗入相互摩擦的表层，使金属表面产生一层硬而脆的氧化物，在机械摩擦下会逐渐剥落。

（2）砂粒磨损：由于污物、灰砂或润滑油不清洁，使摩擦表面之间带有砂粒，起了研磨剂作用而加剧了磨损。

（3）疲劳磨损：零件在交变载荷作用下，产生交变应力而使金属逐渐疲劳，在表面产生微小裂纹，而后慢慢造成剥落。

（4）震动引起的磨损：旋转零件的残余不平衡等因素使机器产生震动，两个接触表面在震动冲击作用下，增加了摩擦表面间的摩擦力，而且可以使两固定结合面之间产生松动和滑移，这些因素都将加剧表面的磨损。

2. 由腐蚀引起的磨损

零件表面受化学物质、水和煤气等侵蚀时，金属将被腐蚀而损坏。当表面受机械摩擦作用时磨损则更快。

3. 由高温引起的磨损

零件在长期的高温状态下工作，金属的晶粒增大，并被氧化而变得脆弱，以致逐渐磨损。

三、机械设备维修的形式

机械设备维修的形式，应根据磨损的程度而定。除了事故磨损以外，自然磨损的设备一般都采取定期的计划修理，其形式有：大修、中修、小修、项修和二级保养等，设备的性质和任务不同时，采用的形式也有所差异。

无论采用上述哪种形式，大都是在普通开展一级保养的基础上进行的。

目前，对于一些长期需要连续运行的高速机械，为了提高设备的利用率，正在研究日常监测和故障预报的工作，它可及时排除重大事故，又防止故障扩大；另一方面，当设备处于完好运行状态时，可放心地让它继续工作下去，延长大修周期，从而提高了经济效益。

1. 大修

大修是当设备运行相当长的一段时间后，需要进行的周期性的彻底检查和恢复性修理。修理时应拆卸所有零部件，并进行清洗和检查，全面修理或更换磨损零件，使所有的零部件都达到一定的精度标准；对部件和设备进行调整和试车；对电器设备也必须进行全面的检查、整理和修复。通过大修应消除设备所存在的故障，基本上恢复设备原有的精度和性能。

2. 中修

中修是设备在两次大修期间有计划安排的修理工作。其目的在于消除各部件或机构之间的不平衡状态，或对某一损坏部件进行修理，以保证大修间隔期的工作性能。

3. 小修

小修是设备维护性的修理，包括检查润滑系统和更换润滑油等。其目的是消除设备中局部零件的磨损，以维持设备的正常运行。有时也可通过小修，对设备进行预检工作，以便及时考虑备件配件，为中修、大修做好准备。

4. 二级保养

二级保养是以修理工人为主，操作工人为辅而进行的维护保养工作。清洗设备，修理或更换严重的磨损件，以满足正常运行的要求。

5. 项修

项修是对设备实行部分修理，只针对存在的主要故障，用较短的时间进行修理使设备保持完好状态。项修主要适用于修理工作量大和生产任务重的默写精密、大型和高速机械设备。

四、修理工作的要点

1. 熟悉机械设备的构造特点和技术要求

2. 拆卸时应遵守的基本原则

（1）拆卸顺序与装配的顺序相反。一般应先拆外部、后拆内部；先拆上部、后拆下部。

（2）拆卸时要防止损伤零件，选用的工具要适当；严禁用硬手锤直接敲击零件。

（3）拆下的零部件应有次序地安放，一般不应直接放在地上，以免碰坏。精密零件要特别加以保护和防止变形。

（4）相配零件之间的相互位置关系有特殊要求的，应做好标记或认清原有的记号。

（5）不需拆开检查和修理的部件，则不应拆散。

3. 修复或更换零件时应参照的基本原则

（1）相配合的主要件和次要件磨损后，一般是修复主要件，更换次要件。例如，车床丝杠与螺母磨损后，应修复丝杠，更换螺母。

（2）工序长的零件与工序短的零件配合运转磨损后，一般是修复工序长的零件，更换工序短的零件。

（3）大零件与小零件相配表面磨损后，一般是修复大零件，更换小零件。

4. 修理后进行部装和总装时，应掌握装配工作的各个要点。

主要参考文献

［1］蒋增福．钳工工艺与技能训练［M］．北京：中国劳动社会保障出版社，2003．

［2］袁梁梁．机械加工技能实训［M］．北京：北京理工大学出版社，2007．

［3］王兴明．钳工工艺学［M］．北京：中国劳动出版社，1996．

［4］张玉中．钳工实训［M］．北京：清华大学出版社，2006．

［5］张利人．钳工技能实训［M］．北京：人民邮电出版社，2006．

［6］马康毅．钳工基本技能［M］．上海：上海科学技术出版社，2007．

［7］王德洪．钳工技能实训［M］．北京：人民邮电出版社，2006．

［8］叶春香．钳工常识［M］．北京：机械工业出版社，2006．